高等学校规划教材

工程招投标与合同管理

第二版

李丽红 主编
李 朔 副主编

化学工业出版社
·北京·

内容简介

《工程招投标与合同管理（第二版）》结合2021年实施的《中华人民共和国民法典》等全新法律法规编写，主要内容包括合同法律基础、建筑市场与承发包、工程施工项目招标、工程施工项目投标、工程项目的评标与定标、建设工程施工合同、工程合同的变更与索赔、国际工程招投标及FIDIC合同条件等。

《工程招投标与合同管理（第二段）》可作为工程造价、工程管理等专业的教材，也可作为从事工程招投标与合同管理的工程技术人员的自学教材，还可以作为注册建造师、监理工程师、造价工程师等职业资格考试的参考书目。

图书在版编目（CIP）数据

工程招投标与合同管理/李丽红主编；李朔副主编.—2版.—北京：化学工业出版社，2022.9(2025.5重印)
高等学校规划教材
ISBN 978-7-122-41317-8

Ⅰ.①工… Ⅱ.①李…②李… Ⅲ.①建筑工程-招标-高等学校-教材②建筑工程-投标-高等学校-教材③建筑工程-经济合同-管理-高等学校-教材 Ⅳ.①TU723

中国版本图书馆CIP数据核字（2022）第087976号

责任编辑：满悦芝　　文字编辑：王　琪
责任校对：赵懿桐　　装帧设计：程艺旋

出版发行：化学工业出版社（北京市东城区青年湖南街13号　邮政编码100011）
印　　装：三河市君旺印务有限公司
787mm×1092mm　1/16　印张10¾　字数256千字　2025年5月北京第2版第5次印刷

购书咨询：010-64518888　　售后服务：010-64518899
网　　址：http://www.cip.com.cn
凡购买本书，如有缺损质量问题，本社销售中心负责调换。

定　　价：38.00元

前言

随着工程招投标与合同管理相关法律法规不断完善和工程实践的突飞猛进，工程招投标与合同管理在建筑企业经营管理中的地位日益突出、作用愈发明显。工程招投标与合同管理课程是工程管理、工程造价等本科专业的核心主干课程，是创新型、复合型、应用型人才核心能力培养的重要构成。掌握工程招投标与合同管理的相关内容也已经成为注册建造师、监理工程师、造价工程师等专业人士知识结构与执业能力的重要体现。

《工程招投标与合同管理》教材于2016年出版了第一版，第二版继承了第一版的编写体系，共分为八章。本教材可作为工程造价、工程管理等专业的教材和参考书籍，也可作为从事工程招投标与合同管理的工程技术人员的自学教材，还可以作为注册建造师、监理工程师、造价工程师等职业资格考试的参考书目。

本教材基于国家实施新型城镇化战略、推动“一带一路”建设、建筑业现代化转型等行业发展新趋势，根据面向新工科建设、高等教育对人才培养提出的新要求、高等学校工程管理和工程造价专业教学指导委员会颁发的《高等学校工程造价本科指导性专业规范》与《高等学校工程管理类本科指导性专业规范》中所规定的培养目标与知识体系，结合2017年实施的《建设工程施工合同（示范文本）》和FIDIC全新系列合同条件、2018年实施的《必须招标的工程项目规定》、2019年修订的《中华人民共和国招标投标法实施条例》、2020年实施的《建设项目工程总承包合同（示范文本）》、2021年实施的《中华人民共和国民法典》等新法律法规，编者通过反复推敲与研究，确定了本教材的修订和完善内容。本教材既注重理论知识的科学性、系统性和完整性，又体现工程招投标与合同管理内容的实践性和时代性，旨在使读者掌握工程招投标与合同管理的基本知识体系和分析方法，具备从事各类工程合同管理与招投标工作的能力。

本教材的修订由李丽红教授担任主编，李朔教授担任副主编。修订人员的具体分工如下：第一章，李朔教授（沈阳建筑大学）；第二章，于明瑜、白丰源（沈阳建筑大学）；第三章、第四章第一节和第四节、第五章、第六章、第七章，李丽红教授（沈阳建筑大学）；第四章第二节和第三节，刘阳（沈阳城市建设学院）；第八章，姚瑞讲师（沈阳建筑大学）。研究生郭珍旭、郭纯兵及白丰源进行了大量的资料整理工作，并合作修订完成第三章和第五章。李丽红教授对全书统撰定稿。

由于编者水平有限，本教材难免有不妥之处，敬请广大读者批评指正，不胜感激。

编者

2022 年 7 月

第一版前言

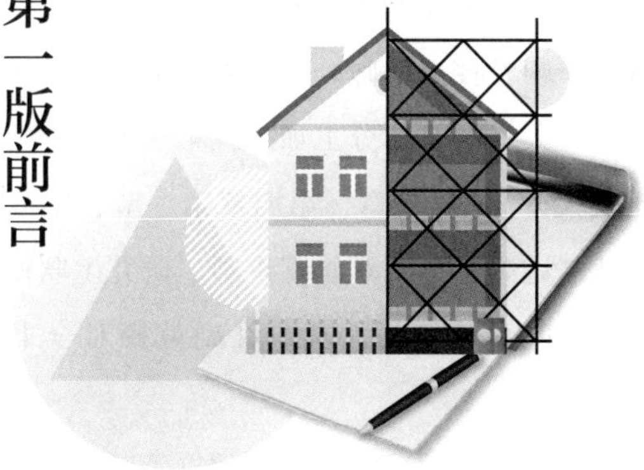

建设工程招投标与合同管理是工程建设过程中非常重要的工作，也是建筑施工企业（承包方）主要的生产经营活动之一。施工企业是否中标获得施工任务，并通过完善的合同管理及其他方面的管理而取得好的经济效益，关系到企业的生存与发展。因此，招投标与合同管理在施工企业整个经营管理活动中具有十分重要的地位和作用。

本教材按照课程教学的要求，根据招投标及合同管理方面的法律法规及规范，参考笔者收集整理的国内外招投标与合同管理有关的参考资料等，结合多年的教学实践，编写而成。本教材共分为八章，分别为合同法律基础、建筑市场与承发包、工程施工项目招标、工程施工项目投标、评标与定标、建设工程施工合同、工程合同的变更与索赔、国际工程招投标及FIDIC合同条件。本书可作为工程造价、工程管理、房地产开发与管理等专业的教材和参考书籍，也可作为从事工程招投标与合同管理的工程技术人员的自学教材和参考书。本教材的特点主要体现在以下几个方面。

① 新。教材参照2007年实施的《标准施工招标文件》（第56号令）、2011年实施的《建设项目工程总承包合同示范文本》、2012年实施的《招标投标法实施条例》、2013年实施的《建设工程工程量清单计价规范》（GB 5050—2013）和《建设工程施工合同（示范文本）》等文件，涵盖了近几年新出现的承发包模式、招投标变化及索赔变化等新内容，因此本教材的重要特点是“新”。

② 专。以往的教材涵盖了施工、设计、监理等多项建设活动的招投标内容，合同管理的内容偏重于施工合同类型与合同索赔；由于招投标活动的近似性，本教材紧紧围绕施工活动的招投标过程进行了详细的阐释和分析，摒弃了对设计与监理招投标的分析和介绍，紧密结合施工单位的实际情况，细化了施工索赔的方法和技巧，突出了教材的专用性和实用性。

③ 全。本教材从合同法和建筑市场承发包模式入手，以与工程造价、工程管理等专业紧密相关的施工招投标的视角，从合同类型、合同变更与索赔等与工程实践密切相关的方面进行

了内容的阐释和分析，内容全面清晰。另外，教材的编写者既包括法律学教授，又包括有工程管理造价多年实践经验的老师；既有博士、教授，又有律师，编写队伍知识面“全”。

本教材由李丽红副教授（博士）担任主编，李朔教授（律师）担任副主编。主编提出写作的总体思路和主要设想，以及各章节目录。编写人员的具体分工如下：第一章，李朔教授（沈阳建筑大学）；第二章，李微博士（沈阳建筑大学）；第三章、第四章第一节、第五～七章，李丽红副教授；第四章第二、第三节，席秋红讲师；第八章姚瑞讲师。研究生耿博慧进行了大量的资料整理工作，并合作完成第三、第四章的编写。李丽红副教授对全书统撰定稿。

在策划和编写过程中，沈阳建筑大学管理学院齐宝库教授、刘亚臣教授等对全书的结构和内容提出了许多宝贵的意见，在此致以深深的谢意。写作过程中，我们参考了大量国内外有关专著、教科书、论文和媒体的相关报道，在此对有关著作或文章的原作者表示最诚挚的谢忱。

由于我们的水平有限，书中难免存在不当之处，恳请专家、学者、同行及广大读者批评指正。

编者

2016 年 3 月

目录

第五章　工程项目的评标与定标 ………… 082

第六章　建设工程施工合同 ………… 093

第一章 合同法律基础

2021年1月1日开始施行的《中华人民共和国民法典》（主席令第45号，以下简称《民法典》）中规定合同分为19类，即：买卖合同；供用电、水、气、热力合同；赠与合同；借款合同；保证合同；租赁合同；融资租赁合同；保理合同；承揽合同；建设工程合同；运输合同；技术合同；保管合同；仓储合同；委托合同；物业服务合同；行纪合同；中介合同；合伙合同。

第一节 合同的订立

一、合同概述

1. 合同的概念

《民法典》第三编合同（以下简称《民法典》）规定：合同是指民事主体之间设立、变更、终止民事法律关系的协议。

2. 合同的特征

合同具有以下法律特点：

① 合同是平等主体的自然人、法人和其他组织所实施的一种民事法律行为；

② 合同以设立、变更或终止民事权利义务为目的和宗旨；

③ 合同是当事人意思表示一致的协议。

3. 合同的分类

① 典型合同与非典型合同；

② 双务合同与单务合同；

③ 有偿合同与无偿合同；

④ 诺成合同与实践合同；

⑤ 要式合同与不要式合同；

⑥ 本约合同与预约合同。

本教材中的建设工程合同是典型合同、双务合同、有偿合同、诺成合同、要式合同、本约合同。

4.《民法典》体系

《民法典》内容分为通则、典型合同和准合同三个分编。

① 通则包括：一般规定；合同的订立；合同的效力；合同的履行；合同的保全；合同的变更和转让；合同的权利义务终止；违约责任。

② 典型合同一共为19类典型合同，即：买卖合同；供用电、水、气、热力合同；赠与合同；借款合同；保证合同；租赁合同；融资租赁合同；保理合同；承揽合同；建设工程合同；运输合同；技术合同；保管合同；仓储合同；委托合同；物业服务合同；行纪合同；中介合同；合伙合同。

③ 准合同规定了无因管理和不当得利制度。

本教材中的建设工程合同是《民法典》中典型合同中的一种，建设工程合同是承包人进行工程建设，发包人支付价款的合同，包括工程勘察、设计、施工合同。注意：建设工程所涉及的监理合同属于委托合同。

5. 合同的成立

（1）合同成立的概念和要件　合同的成立，是指合同各方当事人的意思表示一致。换言之，当事人对合同的主要条款达成合意。

合同的成立应当具备以下要件：

① 存在双方或多方当事人；

② 订约当事人经过要约承诺而达成了合意；

③ 当事人就合同主要条款达成合意。

（2）合同订立的程序　《民法典》规定："当事人订立合同，可以采取要约、承诺方式或者其他方式。"要约和承诺是合同成立的基本规则，也是合同成立必须经过的两个阶段。如果合同没有经过承诺，而只是停留在要约阶段，则合同根本未成立。

二、要约

1. 要约及其生效条件

要约是希望和他人订立合同的意思表示。

要约的生效要件包括：

① 要约是由特定主体作出的意思表示；

② 要约必须表明经受要约人承诺，要约人即受该意思表示约束；

③ 要约必须向要约人希望与之缔结合同的受要约人发出；

④ 要约的内容必须具体确定。

建设工程招投标过程中投标方的投标行为为要约。

2. 要约邀请

所谓要约邀请，是希望他人向自己发出要约的意思表示。

要约邀请具有如下特点：①要约邀请是一方邀请对方向自己发出要约；②要约邀请不是意思表示，而是一种事实行为，也就是说，要约邀请是当事人订立合同的预备行为，在发出要约邀请时，当事人仍处于订约的准备阶段；③要约邀请只是引诱他人发出要约，它既不能因相对人的承诺而成立合同，也不能因自己作出某种承诺而约束要约人，要约邀请人一般不承担法律责任。

《民法典》规定：拍卖公告、招标公告、招股说明书、债券募集办法、基金招募说明书、商业广告和宣传、寄送的价目表等为要约邀请。

商业广告的内容符合要约规定的，视为要约。

建设工程招标投标过程中招标公告为要约邀请。

3. 要约的生效

《民法典》区分以对话方式和非以对话方式作出的意思表示，分别确定其效力。

① 以对话方式作出的要约，相对人知道其内容时生效。

② 以非对话方式作出的要约，到达相对人时生效。

③ 以非对话方式作出的、采用数据电文形式的要约，相对人指定特定系统接收数据电文的，该数据电文进入该特定系统时生效；未指定特定系统的，相对人知道或者应当知道该数据电文进入其系统时生效。当事人对采用数据电文形式的意思表示的生效时间另有约定的，按照其约定。

4. 要约的撤回和撤销

要约可以撤回。撤回要约的通知应当在要约到达受要约人之前或者与要约同时到达受要约人。

要约可以撤销。要约的撤销，是指要约人在要约到达受要约人并生效以后，受要约人作出承诺前，将该项要约取消，从而使要约的效力归于消灭。

但有下列情形之一的，要约不得撤销：①要约人确定了承诺期限或者以其他形式明示要约不可撤销；②受要约人有理由认为要约是不可撤销的，并已经为履行合同作了合理准备工作。

5. 要约失效

有下列情形之一的，要约失效：①要约被拒绝；②要约依法被撤销；③承诺期限届满，受要约人未作出承诺；④受要约人对要约的内容作出实质性变更。

三、承诺

1. 承诺及其要件

承诺是受要约人同意要约的意思表示。

根据《民法典》的规定，承诺一旦生效就会导致合同的成立，因而，承诺必须符合一定的条件。具体来说，承诺必须具备如下条件，才能产生法律效力：

① 承诺必须由受要约人向要约人作出；

② 承诺是受要约人决定与要约人订立合同的意思表示；

③ 承诺的内容必须与要约的内容一致；

④ 承诺必须在要约规定的期限内到达要约人；

⑤ 承诺的方式必须符合要约的要求。

2. 承诺的期限

承诺应当在要约确定的期限内到达要约人。

要约没有确定承诺期限的，承诺应当依照下列规定到达：①要约以对话方式作出的，应当即时作出承诺；②要约以非对话方式作出的，承诺应当在合理期限内到达。

承诺期限的起算点的确定：要约以信件或者电报作出的，承诺期限自信件载明的日期或者电报交发之日开始计算。信件未载明日期的，自投寄该信件的邮戳日期开始计算。要约以电话、传真、电子邮件等快速通信方式作出的，承诺期限自要约到达受要约人时开始计算。

3. 承诺的生效

（1）以通知方式作出的承诺，承诺生效按照意思表示生效的一般规则处理。

《民法典》对以对话方式作出的意思表示和以非对话方式作出的意思表示的生效规则分别作出了规定。

① 以对话方式作出的意思表示，相对人知道其内容时生效；

② 以非对话方式作出的意思表示，到达相对人时生效；

③ 对于采用数据电文形式作出的承诺而言，其生效分为两种情形：第一，相对人指定了特定的系统接收数据电文的，此时，该意思表示自该数据电文进入该特定系统时生效；第二，相对人未指定特定的系统接收数据电文的，则自相对人知道或者应当知道该数据电文进入其系统时生效。

（2）承诺不需要通知的，根据交易习惯或者要约的要求作出承诺的行为时生效。

4. 承诺的迟延

① 承诺的通常迟延。受要约人超过承诺期限发出承诺，或者在承诺期限内发出承诺，按照通常情形不能及时到达要约人的，为新要约；但是，要约人及时通知受要约人该承诺有效的除外。

② 承诺的特殊迟延。受要约人在承诺期限内发出承诺，按照通常情形能够及时到达要约人，但因其他原因致使承诺到达要约人时超过承诺期限的，除要约人及时通知受要约人因承诺超过期限不接受该承诺外，该承诺有效。

5. 承诺的撤回

承诺可以撤回，撤回承诺的通知应当在承诺通知到达要约人之前或者与承诺通知同时到达要约人。

四、合同的形式

当事人订立合同，可以采用书面形式、口头形式或者其他形式。法律法规规定采用书面形式的，或当事人约定采用书面形式的，应当采用书面形式。

合同形式以不要式为原则。书面形式是合同书、信件、电报、电传、传真等可以有形地表现所载内容的形式。以电子数据交换、电子邮件等方式能够有形地表现所载内容，并可以随时调取查用的数据电文，视为书面形式。

《民法典》明确规定，建设工程合同应当采用书面形式。

五、合同的内容

合同的一般条款，即合同的内容，是指由合同当事人约定的合同条款。

《民法典》在通则中规定合同的内容由当事人约定，一般包括以下条款：

① 当事人的名称或姓名和住所；

② 标的；

③ 数量；

④ 质量；

⑤ 价款或者报酬；

⑥ 履行期限、地点和方式；

⑦ 违约责任；

⑧ 解决争议的方法。

《民法典》在典型合同中对建设工程合同（包括工程勘察、设计、施工合同）内容作了专门规定。

① 勘察、设计合同的内容。包括提交基础资料和文件（包括概预算）的期限、质量要求、费用以及其他协作条件等条款。

② 施工合同的内容。包括工程范围、建设工期、中间交工工程的开工和竣工时间、工程质量、工程造价、技术资料交付时间、材料和设备供应责任、拨款和结算、竣工验收、质量保修范围和质量保证期、双方相互协作等条款。

当事人可以参照各类合同的示范文本订立合同。

六、合同成立的时间与地点

1. 合同成立的时间

一般情况下合同自承诺生效时成立，但是法律另有规定或者当事人另有约定的除外。

当事人采用合同书形式订立合同的，自当事人均签名、盖章或者按指印时合同成立。当事人采用信件、数据电文等形式订立合同的，可以在合同成立之前要求签订确认书。签订确认书时合同成立。

当事人对合同成立的时间另有约定的，依其约定。

2. 合同成立的地点

承诺生效的地点为合同成立的地点。

采用数据电文形式订立合同的，收件人的主营业地为合同成立的地点；没有主营业地的，其经常居住地为合同成立的地点。当事人另有约定的，按照其约定。当事人采用合同书形式订立合同的，最后签名、盖章或者按指印的地点为合同成立的地点，但是当事人另有约定的除外。

七、格式条款

格式条款是当事人为了重复使用而预先拟定，并在订立合同时未与对方协商的条款。

1. 格式条款提供者的义务

采用格式条款订立合同的，提供格式条款的一方应当遵循公平原则确定当事人之间的权利和义务，并采取合理的方式提示对方注意免除或者减轻其责任等与对方有重大利害关系的条款，按照对方的要求，对该条款予以说明。提供格式条款的一方未履行提示或者说明义务，致使对方没有注意或者理解与其有重大利害关系的条款的，对方可以主张该条款不成为合同的内容。

【案例 1-1】 甲新购一辆汽车，投了乙保险公司的汽车险。某天，甲在驾车正常行驶过程中，汽车由于自燃原因而发生爆炸，汽车报废。甲请求乙赔付，乙拒绝，称双方保险合同中第 39 条规定："汽车由于自燃原因引起的损害，保险公司不承担赔偿责任。"甲不服，诉至法院请求乙赔付。

解析： 审理过程中，乙无法举证自己在缔约时曾提醒甲注意第 39 条并就其作了说明。于是法院判决支持甲的诉讼请求，法律依据是《民法典》规定的采用格式条款订立合同的，提供格式条款的一方应当遵循公平原则确定当事人之间的权利和义务，并采取合理的方式提示对免除或者减轻其责任等与对方有重大利害关系的条款，按照对方的要求，对该条款予以说明。

2. 格式条款的无效

格式条款无效主要具有如下三种情形：

① 具有《民法典》第一编第六章第三节和《民法典》第五百零六条规定的无效情形，包括：与无民事行为能力人订立的合同；双方以虚假的意思表示订立合同的；恶意串通，损害他人合法权益的；违反法律、行政法规的强制性规定的；违背公序良俗的；

② 提供格式条款一方不合理地免除或者减轻其责任、加重对方责任、限制对方主要权利；

③ 提供格式条款一方排除对方主要权利。

3. 格式条款的解释

格式条款的解释应该采取以下三种解释原则：

① 对格式条款的理解发生争议的，应当按照通常理解予以解释；

② 对格式条款有两种以上解释的，应当作出不利于提供格式条款一方的解释；

③ 格式条款和非格式条款不一致的，应当采用非格式条款。

八、缔约过失责任

1. 缔约过失责任的概念

缔约过失责任，是指在合同订立过程中，一方因违背其依据诚实信用原则和法律规定的义务致另一方信赖利益遭受损失，应承担损害赔偿责任。

2. 缔约过失责任的类型

当事人在订立合同过程中有下列情形之一，给对方造成损失的，应当承担损害赔偿责任：

① 假借订立合同，恶意进行磋商；

② 故意隐瞒与订立合同有关的重要事实或者提供虚假情况；

③ 有其他违背诚实信用原则的行为。

当事人在订立合同过程中知悉的商业秘密或者其他应当保密的信息，无论合同是否成立，不得泄露或者不正当地使用。泄露或者不正当地使用该商业秘密给对方造成损失的，应当承担损害赔偿责任。

第二节　合同的效力

一、合同的生效及构成要件

1. 合同的生效

合同的生效是指依法成立的合同在当事人之间产生的法律约束力，也就是通常所说的法律效力。《民法典》规定：依法成立的合同，自成立时生效，但是法律另有规定或者当事人另有约定的除外。

2. 合同的生效要件

《民法典》规定，具备下列条件的民事法律行为有效：

① 行为人具有相应的民事行为能力；

② 意思表示真实；

③ 不违反法律、行政法规的强制性规定，不违背公序良俗；

④ 合同必须具备法律所要求的形式。

依照法律、行政法规的规定，合同应当办理批准等手续的，依照其规定。未办理批准等手续影响合同生效的，不影响合同中履行报批等义务条款以及相关条款的效力。应当办理申请批准等手续的当事人未履行义务的，对方可以请求其承担违反该义务的责任。

依照法律、行政法规的规定，合同的变更、转让、解除等情形应当办理批准等手续的，适用前款规定。

二、效力待定合同

效力待定的合同，是指合同成立之后，是否已经发生效力尚不能确定，有待于其他行为或事实使之确定的合同。效力待定合同主要是由于当事人缺乏缔约能力、财产处分能力或代理人的代理资格和代理权限存在缺陷所造成的效力待定。

1. 限制民事行为能力人依法不能订立的合同

根据《民法典》的规定，限制民事行为能力人是指八周岁以上的未成年人，以及不能完全辨认自己行为的成年人。限制民事行为能力人订立的合同，经法定代理人追认后，该合同有效。

2. 无权代理人订立的合同

无权代理人订立的合同主要包括行为人没有代理权、超越代理权限范围或者代理权终止后仍以被代理人的名义订立的合同。

① 无权代理。无权代理人以被代理人的名义订立合同，被代理人已经开始履行合同义务或者接受相对人履行的，视为对合同的追认。

② 表见代理。行为人没有代理权、超越代理权或者代理权终止后以被代理人名义订立合同，相对人有理由相信行为人有代理权的，该代理行为有效。

③ 越权代表。法人的法定代表人或者非法人组织的负责人超越权限订立的合同，除相对人知道或者应当知道其超越权限外，该代表行为有效，订立的合同对法人或者非法人组织发生效力。

【案例 1-2】 甲与乙订立了一份建筑施工设备买卖合同，合同约定甲向乙交付5台设备，分别为设备1、设备2、设备3、设备4、设备5，总价款为100万元；乙向甲交付定金20万元，余下款项由乙在半年内付清。双方还约定，在乙向甲付清设备款之前，甲保留该5台设备的所有权。甲向乙交付了该5台设备。

问题：假设在设备款付清之前，乙与丁达成一项转让设备4的合同，在向丁交付设备4之前，该合同的效力如何？为什么？

解析： 该合同效力待定。因为在设备款付清之前，设备4的所有权属于甲，乙无权处分。根据《民法典》规定，无权代理人以被代理人的名义订立合同，被代理人已经开始履行合同义务或者接受相对人履行的，视为对合同的追认。该案例同时说明了合同签订中保留条款的效力。

三、无效合同

无效合同，是指合同虽然已经成立，但因其在内容上违反了法律、行政法规的强制性规定和公序良俗而无法律效力的合同。

1. 无效合同的情形

《民法典》对此作了重大修改，规定：

① 无民事行为能力人实施的民事法律行为无效；

② 行为人与相对人以虚假的意思表示实施的民事法律行为无效，以虚假的意思表示隐藏的民事法律行为的效力，依照有关法律规定处理；

③ 违反法律、行政法规的强制性规定的民事法律行为无效，但是，该强制性规定不导致该民事法律行为无效的除外；

④ 违背公序良俗的民事法律行为无效；

⑤ 行为人与相对人恶意串通，损害他人合法权益的民事法律行为无效。

2. 无效的免责条款

免责条款是指当事人在合同中约定免除或者限制其未来责任的合同条款。免责条款无效，是指没有法律约定力的免责条款。

《民法典》规定，合同中的下列免责条款无效：

① 造成对方人身损害的；

② 因故意或者重大过失造成对方财产损失的。

合同不生效、无效、被撤销或者终止的，不影响合同中有关解决争议方法的条款的效力。

3. 无效的建设工程施工合同的情形

① 承包人未取得建筑施工企业资质或者超越资质等级的；

② 没有资质的实际施工方借用有资质的建筑施工企业名义的；

③ 建设工程必须招标而未招标或者中标无效的。

承包人因转包、违法分包建设工程与他人签订的建设工程施工合同，应当依据《民法典》的规定，认定无效。

四、可撤销合同

可撤销合同，是指当事人在订立合同时，因意思表示不真实，法律允许撤销权人通过行使撤销权而使已经生效的合同归于无效。可撤销合同是意思表示不真实的合同；是否行使撤销权撤销合同，则撤销权人自主决定；可撤销合同在撤销前应为有效。

1. 可撤销合同的种类

（1）因重大误解订立的合同 《民法典》规定：基于重大误解实施的民事法律行为，行为人有权请求人民法院或者仲裁机构予以撤销。

（2）因乘人之危致使显失公平的合同 《民法典》规定：一方利用对方处于危困状态、缺乏判断能力等情形，致使民事法律行为成立时显失公平的，受损害方有权请求人民法院或者仲裁机构予以撤销。

（3）一方以欺诈手段订立的合同 《民法典》将以欺诈手段订立的合同区分为两种情形。

① 一方欺诈。《民法典》规定：“一方以欺诈手段，使对方在违背真实意思的情况下实施的民事法律行为，受欺诈方有权请求人民法院或者仲裁机构予以撤销。”

② 一方利用第三人欺诈。《民法典》规定：“第三人实施欺诈行为，使一方在违背真实意思的情况下实施的民事法律行为，对方知道或者应当知道该欺诈行为的，受欺诈方有权请求人民法院或者仲裁机构予以撤销。”这是《民法典》新增的撤销情形。

（4）以胁迫手段订立的合同 《民法典》规定：“一方或者第三人以胁迫手段，使对方在违背真实意思的情况下实施的民事法律行为，受胁迫方有权请求人民法院或者仲裁机构予以撤销。”

2. 撤销权的行使

《民法典》规定，有下列情形之一的，撤销权消灭：

① 当事人自知道或者应当知道撤销事由之日起一年内、重大误解的当事人自知道或者应当知道撤销事由之日起九十日内没有行使撤销权；

② 当事人受胁迫，自胁迫行为终止之日起一年内没有行使撤销权；

③ 当事人知道撤销事由后明确表示或者以自己的行为表明放弃撤销权。

当事人自民事法律行为发生之日起五年内没有行使撤销权的，撤销权消灭。

【案例 1-3】 2021 年 11 月，段某与开发商签订书面协议，约定购房价格为 69.8 万元（人民币，后同）。次日签订“认购协议书”为 67.5 万元。第三天开发商提出认购协议书中 67.5 万元是误写，要求购房价款仍为 69.8 万元。拒绝与郑某签正式合同，也未返还定金。郑某起诉，要求双倍偿还定金。

解析：法院判决支持原告诉求，双倍返还定金。

实践中，当事人签订合同时，可能发生各种误解，为保护交易安全，践行鼓励交易原则，只有当误解到达“重大”的程度时，当事人才产生变更或撤销的诉权。本案中差距仅为 4%。不足以认定为“重大”。仅以工作失误为由对抗合同约定很难得到支持。

3. 无效合同或者被撤销合同的法律后果

无效合同或者被撤销的合同自始没有法律约束力。对当事人依据无效合同或者被撤销的合同而取得的财产应当依法进行如下处理。

① 返还财产或折价补偿。当事人依据无效合同或者被撤销的合同所取得的财产，应当

予以返还；不能返还或者没有必要返还的，应当折价补偿。

② 赔偿损失。合同被确认无效或者被撤销后，有过错的一方应赔偿对方因此所受到的损失。双方都有过错的，应当各自承担相应的责任。

4. 建设工程被确认无效后对财产关系的处理方法

(1) 建设工程施工合同无效，但是建设工程经验收合格的，可以参照合同关于工程价款的约定折价补偿承包人。

(2) 建设工程施工合同无效，且建设工程经验收不合格的，按照以下情形处理：

① 修复后的建设工程经验收合格的，发包人可以请求承包人承担修复费用；

② 修复后的建设工程经验收不合格的，承包人无权请求参照合同关于工程价款的约定折价补偿。

发包人对因建设工程不合格造成的损失有过错的，应当承担相应的责任。

第三节　合同的履行

合同的履行，是指债务人依据法律和合同的规定作出给付的行为。

合同履行的原则主要包括全面履行原则，诚实信用原则和节约资源、保护生态原则。《民法典》增加了"当事人在履行合同过程中，应当避免浪费资源、污染环境和破坏生态"条款。

一、合同履行的一般规则

合同生效后，当事人就质量、价款或者报酬、履行地点等内容没有约定或者约定不明确的，可以以协议补充；不能达成补充协议的，按照合同有关条款或者交易习惯确定。依照上述规定仍不能确定的，适用下列规定：

① 质量要求不明确的，按照强制性国家标准履行；没有强制性国家标准的，按照推荐性国家标准履行；没有推荐性国家标准的，按照行业标准履行；没有国家标准、行业标准的，按照通常标准或者符合合同目的的特定标准履行；

② 价款或者报酬不明确的，按照订立合同时履行地的市场价格履行；依法应当执行政府定价或者政府指导价的，按照规定履行；

③ 履行地点不明确，给付货币的，在接受货币一方所在地履行；交付不动产的，在不动产所在地履行；其他标的，在履行义务一方所在地履行；

④ 履行期限不明确的，债务人可以随时履行，债权人也可以随时要求履行，但应当给对方必要的准备时间；

⑤ 履行方式不明确的，按照有利于实现合同目的的方式履行；

⑥ 履行费用的负担不明确的，由履行义务一方负担。因债权人原因增加的履行费用，由债权人负担。

二、合同履行的特殊规则

1. 价格调整

《民法典》规定，执行政府定价或政府指导价的，在合同约定的交付期限内政府价格调整时，按照交付时的价格计价。逾期交付标的物的，遇价格上涨时，按照原价格执行；价格下降时，按照新价格执行。逾期提取标的物或者逾期付款的，遇价格上涨时，按照新价格执行；价格下降时，按照原价格执行。

2. 代为履行

代为履行是指由合同以外的第三人代替合同当事人履行合同。与合同转让不同，代为履行并未变更合同的权利义务主体，只是改变了履行主体。《民法典》规定：

① 当事人约定由债务人向第三人履行债务的，债务人未向第三人履行债务或者履行债务不符合约定的，应当向债权人承担违约责任；

法律规定或者当事人约定第三人可以直接请求债务人向其履行债务，第三人未在合理期限内明确拒绝，债务人未向第三人履行债务或者履行债务不符合约定的，第三人可以请求债务人承担违约责任；债务人对债权人的抗辩，可以向第三人主张。

② 当事人约定由第三人向债权人履行债务，第三人不履行债务或者履行债务不符合约定的，债务人应当向债权人承担违约责任；

③ 债务人不履行债务，第三人对履行该债务具有合法利益的，第三人有权向债权人代为履行；但是，根据债务性质、按照当事人约定或者依照法律规定只能由债务人履行的除外。债权人接受第三人履行后，其对债务人的债权转让给第三人，但是债务人和第三人另有约定的除外。

3. 提前履行

合同通常应按照约定的期限履行，提前或迟延履行属违约行为，因此债权人可以拒绝债务人提前履行债务，但提前履行不损害债权人利益的除外，因债务人提前履行债务给债权人增加的费用，由债务人负担。

4. 部分履行

合同通常应全部履行，债权人可以拒绝债务人部分履行债务，但部分履行不损害债权人利益的除外，此时，因债务人部分履行债务给债权人增加的费用，由债务人负担。

三、合同履行中的抗辩权

抗辩权是指在双务合同中，当事人一方有依法对抗对方要求或否认对方权利主张的权利。所谓双务合同，是指双方当事人互相享有权利，同时又互相负有义务的合同。

1. 同时履行抗辩权

当事人互负债务，没有先后履行顺序的，应当同时履行。一方在对方履行之前有权拒绝其履行要求。一方在对方履行债务不符合约定时，有权拒绝其相应的履行要求。

2. 先履行抗辩权

当事人互负债务，有先后履行顺序，应当先履行债务一方未履行的，后履行一方有权拒绝其履行要求。先履行一方履行债务不符合约定的，后履行一方有权拒绝其相应的履行要求。

3. 不安抗辩权

指在异时履行的合同中，应当先履行的一方有确切的证据证明对方在履行期限到来后，将不能或不会履行债务，则在对方没有履行或提供担保以前，有权暂时中止债务的履行。

适用不安抗辩权的事由：①经营状况严重恶化；②转移财产、抽逃资金，以逃避债务；③丧失商业信誉；④有丧失或者可能丧失履行债务能力的其他情形。

但当事人没有确切证据中止履行的，应当承担违约责任。

当事人依照前条规定中止履行的，应当及时通知对方。对方提供适当担保时，应当恢复履行。中止履行后，对方在合理期限内未恢复履行能力且未提供适当担保的，视为以自己的行为表明不履行主要债务，中止履行的一方可以解除合同，并可以请求对方承担违约责任。

四、合同的保全

合同保全，是指法律为防止因债务人的财产本不应减少却被不当地减少或本应增加却不 当地未增加而给债权人的债权带来损害，允许债权人行使撤销权或代位权，以保护其债权。

如果当事人财产增减不当并且实际构成对对方债权实现的威胁时，债权人可以依法行使代位权与撤销权，以维护债务人的财务状况并确保债务得到清偿。

1. 债权人代位权

因债务人怠于行使其债权或者与该债权有关的从权利，影响债权人的到期债权实现的，债权人可以向人民法院请求以自己的名义代位行使债务人对相对人的权利，但是该权利专属于债务人自身的除外。

代位权的行使范围以债权人的到期债权为限。债权人行使代位权的必要费用，由债务人负担。

相对人对债务人的抗辩，可以向债权人主张。

【案例 1-4】 A 公司将新办公大楼工程承包给了 B 公司。双方在建筑工程承包合同中约定：工程款为 2000 万元，工期为一年，工程完工后结清全部工程款。合同签订后，B 公司雇请工人甲、乙等 70 人开始施工。工程按期完工，B 公司将新大楼交给 A 公司使用，但 B 公司尚欠工人甲、乙等工资合计 56 万元。甲、乙等人多次向 B 公司催要未果，于是向法院起诉了 B 公司，要求给付所欠工资。法院判决 B 公司败诉。但在判决执行过程中，B 公司的所有员工，包括其法定代表人均不见踪影。在查找 B 公司的财产过程中，甲、乙等人发现，A 公司尚欠 B 公司工程款 180 万元未付。A 公司称，之所以未付清工程款，是因为新大楼的工程质量存在问题。A 公司同时称，工程完工后双方只进行过一次结算，此后一年多，B 公司一直未向其主张过这笔工程款。甲、乙等人就 B 公司所欠的工程款向法院起诉了 A 公司。

问题：

① 甲、乙等人起诉 A 公司所依据的是什么权利？

② 甲、乙等人提起诉讼时，应当以谁的名义提出？

③ 甲、乙等人在诉讼中提出，要求 A 公司支付其欠 B 公司的全部 180 万元工程款。这种要求能否得到法院支持？为什么？

解析：

① 甲、乙等人起诉 A 公司依据是代位权诉讼。

② 甲、乙等人提起诉讼时应当以甲、乙等人自己的名义。

③ 甲、乙等要求 A 公司偿还 B 公司欠款 180 万元得不到法院支持，最高限额为 56 万元

及行使权利的费用之和。

2. 债权人撤销权

债权人撤销权是指债权人对债务人所作的危害其债权的处分行为，有请求法院予以撤销的权利。

债务人以放弃其债权、放弃债权担保、无偿转让财产等方式无偿处分财产权益，或者恶意延长其到期债权的履行期限，影响债权人的债权实现的，债权人可以请求人民法院撤销债务人的行为。债务人以明显不合理的低价转让财产、以明显不合理的高价受让他人财产或者为他人的债务提供担保，影响债权人的债权实现，债务人的相对人知道或者应当知道该情形的，债权人可以请求人民法院撤销债务人的行为。

撤销权的行使范围以债权人的债权为限。债权人行使撤销权的必要费用，由债务人负担。撤销权自债权人知道或者应当知道撤销事由之日起一年内行使，五年内没有行使撤销权的，该撤销权消灭。

【案例 1-5】 原告何某与被告李某因债务清偿发生纠纷，诉至某法院，经调解，双方达成协议，李某从 2021 年 8 月起偿还本金和利息 268397 元。期限届至，李某没有还款。同年 12 月，何某向法院申请强制执行，法院受理申请并经查明后拟以李某的房产清偿债务。案外人夏某提出异议，认为法院欲强制执行李某的房产是夏某的私产，包括李某所有的那部分财产李某业已处分给了夏某。夏某为证明自己的主张，出示了李某与夏某的离婚调解书，李某与夏某离婚时，已将全部夫妻财产给夏某所有。

经查，李某与夏某结婚多年，有一栋面积为 $236m^2$ 的别墅。在李某与何某达成债务清偿协议后，李某、夏某决定离婚，到异地法庭起诉，将全部夫妻共有财产都处分给了夏某，李某分文不取。

离婚后，二人仍然同居并对外以夫妻相称。李某以没有个人财产为由拒绝履行债务。

问题：此案例中何某该如何保护其自己的权利？

解析： 何某可以行使撤销权，撤销夏某和李某之间的以逃避债务为目的的财产处分行为。但本案中，何某无权主张撤销夏某和李某之间的离婚诉讼，因为撤销权撤销的对象是不当的债权债务。

第四节　合同的变更和转让

一、合同的变更

合同的变更是指在合同成立以后，尚未履行或尚未完全履行以前，当事人就合同的内容达成修改或补充的协议。

当事人协商一致，可以变更合同。

当事人对合同变更的内容约定不明确的，推定为未变更。

二、合同的转让

合同转让是当事人一方取得另一方同意后将合同的权利义务转让给第三方的法律行为。

合同转让是合同变更的一种特殊形式，它不是变更合同中规定的权利义务内容，而是变更合同主体。

1. 债权转让

债权转让是指合同债权人通过协议将其债权全部或部分地转让给第三人的行为。

债权人可以将合同的权利全部或者部分转让给第三人。债权转让不得增加债务人的负担，否则，应由转让人或者受让人承担费用和损失。

转让的合同权利须具有可让与性，下列合同权利三种不得转让：①根据债权性质不得转让；②按照当事人约定不得转让；③依照法律规定不得转让。

当事人约定非金钱债权不得转让的，不得对抗善意第三人。当事人约定金钱债权不得转让的，不得对抗第三人。

债权人转让债权，未通知债务人的，该转让对债务人不发生效力。债权转让的通知不得撤销，但是经受让人同意的除外。债权人转让债权的，受让人取得与债权有关的从权利，但是该从权利专属于债权人自身的除外。受让人取得从权利不因该从权利未办理转移登记手续或者未转移占有而受到影响。债务人接到债权转让通知后，债务人对让与人的抗辩，可以向受让人主张。因债权转让增加的履行费用，由让与人负担。

2. 债务转让

债务转让又称债务承担，是指基于债权人、债务人与第三人之间达成的协议将债务移转给第二人承担。

债务人将债务的全部或者部分转移给第三人的，应当经债权人同意。

债务人或者第三人可以催告债权人在合理期限内予以同意，债权人未作表示的，视为不同意。

第三人与债务人约定加入债务并通知债权人，或者第三人向债权人表示愿意加入债务，债权人未在合理期限内明确拒绝的，债权人可以请求第三人在其愿意承担的债务范围内和债务人承担连带债务。

债务人转移债务的，新债务人可以主张原债务人对债权人的抗辩；原债务人对债权人享有债权的，新债务人不得向债权人主张抵销。

债务人转移债务的，新债务人应当承担与主债务有关的从债务，但是该从债务专属于原债务人自身的除外。

3. 债权债务概括移转

合同权利和义务的概括移转，是指由原合同当事人一方将其债权债务一并移转给第三人，由第三人概括地继受这些债权债务。合同的权利和义务一并转让的，适用债权转让、债务转移的有关规定。

第五节　合同的权利义务终止

合同的权利义务终止，简称为合同终止。合同的终止既包括合同关系向未来的消灭，也包括合同关系溯及既往的消灭。

一、合同终止的条件

合同终止的情形包括：①债务已经履行；②债务相互抵销；③债务人依法将标的物提存；④债权人免除债务；⑤债权债务同归于一人；⑥法律规定或者当事人约定终止的其他情形。

合同解除的，该合同的权利义务关系终止。

债权债务终止后，当事人应当遵循诚信等原则，根据交易习惯履行通知、协助、保密、旧物回收等义务。

二、合同的解除

合同的解除是指合同有效成立以后，当具备合同解除条件时，因当事人一方或双方的意思表示而使合同关系自始消灭或向将来消灭的一种行为。

1. 合同解除的种类

合同解除分为约定解除和法定解除两大类。

（1）约定解除　包括：①当事人协商一致，可以解除合同；②当事人可以约定一方解除合同的事由。解除合同的事由发生时，解除权人可以解除合同。

（2）法定解除　包括：①因不可抗力致使不能实现合同目的；②在履行期限届满之前，当事人一方明确表示或者以自己的行为表明不履行主要债务；③当事人一方迟延履行主要债务，经催告后在合理期限内仍未履行；④当事人一方迟延履行债务或者有其他违约行为致使不能实现合同目的；⑤法律规定的其他情形。以持续履行的债务为内容的不定期合同，当事人可以随时解除合同，但是应当在合理期限之前通知对方。

2. 解除合同的程序

法律规定或者当事人约定解除权行使期限，期限届满当事人不行使的，该权利消灭。法律没有规定或者当事人没有约定解除权行使期限，自解除权人知道或者应当知道解除事由之日起一年内不行使，或者经对方催告后在合理期限内不行使的，该权利消灭。

当事人一方依法主张解除合同的，应当通知对方。合同自通知到达对方时解除；通知载明债务人在一定期限内不履行债务则合同自动解除，债务人在该期限内未履行债务的，合同自通知载明的期限届满时解除。对方对解除合同有异议的，任何一方当事人均可以请求人民法院或者仲裁机构确认解除行为的效力。

当事人一方未通知对方，直接以提起诉讼或者申请仲裁的方式依法主张解除合同，人民法院或者仲裁机构确认该主张的，合同自起诉状副本或者仲裁申请书副本送达对方时解除。

三、合同债务的抵销

抵销是当事人互有债权债务，在到期后，各以其债权抵偿所付债务的民事法律行为，是合同权利义务终止的方法之一。

除依照法律规定或者按照合同性质不得抵销的之外，当事人应互负到期债务，该债务的标的物种类、品质相同的，任何一方可以将自己的债务与对方的债务抵销。当事人主张抵销的，应当通知对方。通知自到达对方时生效。当事人互负债务，标的物种类、品质不相同的，经双方协商一致，也可以抵销。

四、标的物的提存

提存是指由于债权人的原因致使债务人难以履行债务时，债务人可以将标的物交给有关机关保存，以此消灭合同的制度。

债务的履行往往要有债权人的协助，如果由于债权人的原因致使债务人无法向其交付标的物，不能履行债务，使债务人总是处于随时准备履行债务的局面，这对债务人来讲是不公平的。因此，法律规定了提存制度，并作为合同权利义务关系终止的情况之一。

有下列情形之一，难以履行债务的，债务人可以将标的物提存：①债权人无正当理由拒绝受领；②债权人下落不明；③债权人死亡未确定继承人、遗产管理人，或者丧失民事行为能力未确定监护人；④法律规定的其他情形。

如果标的物不适于提存或者提存费用过高，债务人可以依法拍卖或者变卖标的物，提存所得的价款。

标的物提存后，债务人应当及时通知债权人或者债权人的继承人、遗产管理人、监护人、财产代管人。标的物提存后，毁损、灭失的风险由债权人承担。提存期间，标的物的孳息归债权人所有。提存费用由债权人负担。

债权人可以随时领取提存物，但债权人对债务人负有到期债务的，在债权人未履行债务或提供担保之前，提存部门根据债务人的要求应当拒绝其领取提存物。

债权人领取提存物的权利，自提存之日起五年内不行使而消灭，提存物扣除提存费用后归国家所有。但是，债权人未履行对债务人的到期债务，或者债权人向提存部门书面表示放弃领取提存物权利的，债务人负担提存费用后有权取回提存物。

第六节　违约责任

一、违约责任及其构成要件

违约责任，也称为违反合同的民事责任，是指合同当事人因违反合同义务所承担的责任。

违约责任的一般构成要件：违约行为；无法定和约定的免责事由。

二、违约责任的形式

1. 违约责任的承担方式

当事人一方不履行合同义务或者履行合同义务不符合约定的，应当承担继续履行、采取补救措施或者赔偿损失等违约责任。

（1）继续履行　继续履行是指在合同当事人一方明确表示或者以自己的行为表明不履行合同义务的，对方可以在履行期限届满前请求其承担违约责任。

① 违反金钱债务时的继续履行。当事人一方未支付价款、报酬、租金、利息，或者不

履行其他金钱债务的，对方可以请求其支付。

② 违反非金钱债务时的继续履行。当事人一方不履行非金钱债务或者履行非金钱债务不符合约定的，对方可以要求履行，但有下列情形之一的除外：a. 法律上或者事实上不能履行；b. 债务的标的不适于强制履行或者履行费用过高；c. 债权人在合理期限内未要求履行。

（2）采取补救措施　当事人一方不履行债务或者履行债务不符合约定，根据债务的性质不得强制履行的，对方可以请求其负担由第三人替代履行的费用。

（3）赔偿损失　当事人一方不履行合同义务或者履行合同义务不符合约定，造成对方损失的，损失赔偿额应当相当于因违约所造成的损失，包括合同履行后可以获得的利益；但是，不得超过违约一方订立合同时预见到或者应当预见到的因违约可能造成的损失。

（4）违约金　当事人可以约定一方违约时应当根据违约情况向对方支付一定数额的违约金，也可以约定因违约产生的损失赔偿额的计算方法。约定的违约金低于造成的损失的，人民法院或者仲裁机构可以根据当事人的请求予以增加；约定的违约金过分高于造成的损失的，人民法院或者仲裁机构可以根据当事人的请求予以适当减少。

当事人就迟延履行约定违约金的，违约方支付违约金后，还应当履行债务。

（5）定金　当事人可以约定一方向对方给付定金作为债权的担保。定金合同自实际交付定金时成立。定金的数额由当事人约定；但是，不得超过主合同标的额的百分之二十，超过部分不产生定金的效力。实际交付的定金数额多于或者少于约定数额的，视为变更约定的定金数额。债务人履行债务的，定金应当抵作价款或者收回。给付定金的一方不履行债务或者履行债务不符合约定，致使不能实现合同目的的，无权请求返还定金；收受定金的一方不履行债务或者履行债务不符合约定，致使不能实现合同目的的，应当双倍返还定金。当事人既约定违约金，又约定定金的，一方违约时，对方可以选择适用违约金或者定金条款。

（6）“三金”的适用关系

① 违约金与定金罚则二者不可并用。定金不足以弥补一方违约造成的损失的，对方可以请求赔偿超过定金数额的损失。

【案例 1-6】 甲与乙订立了一份某建筑材料购销合同，约定：甲向乙交付某建筑材料 20 万公斤，货款为 40 万元，乙向甲支付定金 4 万元；如任何一方不履行合同，应支付违约金 6 万元。甲因将建筑材料卖于丙而无法向乙交付。

问题：假如你是乙，如何最大限度地保护自己的利益，又能获得法院支持？

解析： 乙应当主张违约金条款，要求甲支付违约金 6 万元，同时，由于甲未履行合同，应退还乙交付的定金 4 万元。最大限度保护自己利益前提下，乙最大可获得 10 万元。

② 违约金与补偿性法定赔偿金原则上不能并用。一般来说，合同中约定的违约金应视为对损害赔偿金额的预先确定，因而违约金与约定损害赔偿是不可以并存的。

违约金与法定损害赔偿是否并存，牵涉到违约责任的适用是否以发生实际损害为要件以及国家对违约金的干预问题。原则上可以说违约金的运用并不以实际损害发生为前提，不管是否发生了损害，当事人都应支付违约金。

根据《民法典》规定：约定的违约金低于造成的损失的，人民法院或者仲裁机构可以根据当事人的请求予以增加；约定的违约金过分高于造成的损失的，人民法院或者仲裁机构可以根据当事人的请予以适当减少。据此，虽然违约金的适用不以实际损害发生为要件，但最终违约金金额大小的确定与实际损失额密切相关：法院或仲裁机构对违约金金额的调整是以实际损失额为参照标准的。对违约金和法定损害赔偿的适用关系可以概括为：原则上不并存，就高不就低，优先适用违约金责任条款。

③ 定金与损害赔偿金可以并用。定金与损害赔偿金可以并存。定金具有非补偿性的特点，其适用不以实际损害的发生为前提，因而是独立于损害赔偿责任的。但也不能认为它与损害赔偿金毫无关系，定金与损害赔偿责任的联系表现在定金责任与损害赔偿责任的并用不能超过全部货款的总值。

【案例 1-7】 甲公司与乙公司依法订立一份总货款为 20 万元的购销合同。合同约定违约金为货款总值的 5%，同时，甲公司向乙公司给付定金 5000 元，后乙公司违约，给甲公司造成损失 2 万元。

问题：甲公司依法向乙公司要求多少才能最大限度保护自己利益并得到法律支持？

解析： 甲公司应要求乙公司支付 3 万元。甲公司选择适用定金条款，甲公司能得到定金双倍返还（5000 元×2=10000 元），同时乙还应支付给甲造成的损害赔偿金 2 万元。则此种情形下，乙公司应向甲公司偿付总额为 3 万元。

2. 违约责任的承担主体

① 合同当事人双方违约时违约责任的承担。当事人双方都违反合同的，应当各自承担相应的责任。

② 合同当事人单方违约时违约责任的承担。当事人一方违约造成对方损失，对方对损失的发生有过错的，可以减少相应的损失赔偿额。

③ 因第三人原因造成违约时违约责任的承担。当事人一方因第三人的原因造成违约的，应当向对方承担违约责任。当事人一方和第三人之间的纠纷，依照法律规定或者依照约定处理。

第七节　合同争议的解决

合同争议是指合同当事人之间对合同履行状况和合同违约责任承担等问题所产生的意见分歧。合同争议的解决方式有和解、调解、仲裁或者诉讼。

一、合同争议的和解与调解

和解与调解是解决合同争议的常用和有效方式。当事人可以通过和解或者调解解决合同争议。

1. 和解

和解是合同当事人之间发生争议后，在没有第三人介入的情况下，合同当事人双方在自愿、互谅的基础上，就已经发生的争议进行商谈并达成协议，自行解决争议的一种方式。和解方式简便易行，有利于加强合同当事人之间的协作，使合同能更好地得到履行。

2. 调解

调解是指合同当事人于争议发生后，在第三者的主持下，根据事实、法律和合同，经过第三者的说服与劝解，使发生争议的合同当事人双方互谅、互让，自愿达成协议，从而公平、合理地解决争议的一种方式。

与和解相同，调解也具有方法灵活、程序简便、节省时间和费用、不伤害发生争议的合同当事人双方的感情等特征，而且由于有第三者的介入，可以缓解发生争议的合同双方当事人之间的对立情绪，便于双方较为冷静、理智地考虑问题。同时，由于第三者常常能够站在较为公正的立场上，较为客观、全面地看待、分析争议的有关问题并提出解决方案，从而有利于争议的公正解决。

参与调解的第三者不同，调解的性质也就不同。调解有民间调解、仲裁机构调解和法庭调解三种。

二、合同争议的仲裁

仲裁是指发生争议的合同当事人双方根据合同种种约定的仲裁条款或者争议发生后由其达成的书面仲裁协议，将合同争议提交给仲裁机构并由仲裁机构按照仲裁法律规范的规定居中裁决，从而解决合同争议的法律制度。当事人不愿协商、调解或协商、调解不成的，可以根据合同中的仲裁条款或事后达成的书面仲裁协议，提交仲裁机构仲裁。涉外合同的当事人可以根据仲裁协议向中国仲裁机构或者其他仲裁机构申请仲裁。

根据《中华人民共和国仲裁法》（主席令第 76 号），对于合同争议的解决，实行“或裁或审制”。即发生争议的合同当事人双方只能在“仲裁”或者“诉讼”两种方式中选择一种方式解决其合同争议。

仲裁裁决具有法律约束力。合同当事人应当自觉执行裁决。不执行的，另一方当事人可以申请有管辖权的人民法院强制执行。裁决作出后，当事人就同一争议再申请仲裁或者向人民法院起诉的，仲裁机构或者人民法院不予受理。但当事人对仲裁协议的效力有异议的，可以请求仲裁机构作出决定或者请求人民法院作出裁定。

三、合同争议的诉讼

诉讼是指合同当事人依法将合同争议提交人民法院受理，由人民法院依司法程序通过调查、作出判决、采取强制措施等来处理争议的法律制度。有下列情形之一的，合同当事人可以选择诉讼方式解决合同争议：

① 合同争议的当事人不愿和解、调解的；

② 经过和解、调解未能解决合同争议的；

③ 当事人没有订立仲裁协议或者仲裁协议无效的；

④ 仲裁裁决被人民法院依法裁定撤销或者不予执行的。

合同当事人双方可以在签订合同时约定选择诉讼方式解决合同争议，并依法选择有管辖权的人民法院，但不得违反《中华人民共和国民事诉讼法》（主席令第 71 号）关于级别管辖和专属管辖的规定。对于一般的合同争议，由被告住所地或者合同履行地人民法院管辖。建设工程合同的纠纷一般都适用不动产所在地的专属管辖，由工程所在地人民法院管辖。建设工程施工合同纠纷以施工行为地为合同履行地。

复习题

1.《民法典》中有关合同的基本原则有哪些？具体的含义是什么？

2.什么是要约？要约的构成要件是什么？要约的撤回与撤销区别何在？

3.什么是要约邀请？要约失效的条件是什么？

4.什么是承诺？承诺的构成要件是什么？

5.合同成立的时间和地点的法律意义何在？

6.《民法典》规定的合同的形式有哪几种？

7.什么是格式条款？

8.什么是缔约过失责任？其构成要件包括哪些？

9.合同的生效要件有哪些？

10.无效合同的种类有哪些？

11.可撤销合同的原因有哪些？

12.效力待定的合同种类有哪些？

13.合同履行的规则？

14.行使不安抗辩权的法律后果是什么？

15.什么是代位权？什么是撤销权？

16.合同义务移转需要什么条件？

17.提存的要件有哪些？提存会产生何种法律效果？

18.合同法定解除的条件有哪些？

19.违约责任的承担形式有哪些？

20.合同争议解决方式有哪些？

第二章 建筑市场与承发包

建筑市场可以从狭义和广义两个方面来理解。狭义的建筑市场，是指以建筑产品为交换内容的场所；广义的建筑市场，则是指建筑产品供求关系的总和。关于建筑市场的内容，都是从广义的角度加以阐述的，其中也包含着狭义建筑市场。

建筑市场表现为建筑产品（例如住宅、学校、道路桥梁、工业建筑），建筑生产活动和建筑市场行为主体（例如业主、承包商、咨询机构、设计单位、用户）三个方面之间的相互联系和相互作用。建筑产品作为建筑市场活动的客体，是具有实物形态、可供消费和使用的最终产品；建筑生产活动是建筑市场交换活动的具体内容，是建筑产品实物形态形成和变化的过程；建筑市场行为主体除政府主管机构外均为建筑市场活动的主体，是决定建筑市场交换活动内容和形式的主要方面。政府主管机构并不直接参与市场的交换活动，而是对建筑市场的交换活动起着监督、管理、控制和调节的作用。因此，政府主管机构是建筑市场的行动主体，而不是建筑市场活动的主体。

第一节　建筑市场的主体与环境

一、建筑市场的主体

建筑市场的三大主体是：发包人，包括政府部门、企事业单位、房地产开发公司和个人等；承包人，包括承担工程的勘察设计、施工任务的勘察院所、建筑企业等；中介机构，为建筑市场主体服务的各种房屋中介、咨询机构等。

1. 发包人

发包人指具有工程发包主体资格和支付工程价款能力的当事人，发包人有时称发包单位、建设单位或业主、项目法人。

根据 2021 年 1 月 1 日起生效的《民法典》规定，发包人可以与总承包人订立建设工程合同，也可以分别与勘察人、设计人、施工人订立勘察、设计、施工承包合同。发包人不得将应当由一个承包人完成的建设工程支解成若干部分发包给数个承包人。

2. 承包人

承包人是指被发包人接受的具有工程施工承包主体资格的当事人。

总承包人或者勘察、设计、施工承包人经发包人同意，可以将自己承包的部分工作交由第三人完成。第三人就其完成的工作成果与总承包人或者勘察、设计、施工承包人向发包人承担连带责任。承包人不得将其承包的全部建设工程转包给第三人或者将其承包的全部建设工程支解以后以分包的名义分别转包给第三人。

禁止承包人将工程分包给不具备相应资质条件的单位。禁止分包单位将其承包的工程再分包。建设工程主体结构的施工必须由承包人自行完成。承包人的生产经营活动是在建筑市场中进行的，是建筑市场主体中的主要成分。

3. 中介服务机构

中介服务机构是指具有相应的专业服务能力，在建筑市场中受承包方、发包方或政府管理机构的委托，对工程建设进行估算测量、咨询代理、建设监理等服务，并取得服务费用的咨询服务机构和其他建设专业中介服务的组织机构。在建筑业的经济运行中，中介组织作为政府、市场、企业之间联系的纽带，具有政府管理不可替代的作用。而发达的市场中介组织又是市场体系成熟和市场经济发达的重要表现，是建筑产业健康发展的重要条件。

二、建筑市场的环境

1. 建筑产业的发展现状

建筑产业作为我国经济发展的重要支柱，其所创造的价值是国民收入的重要组成部分，同时还创造了大量的劳动就业岗位。过去的几十年里，我国国民经济保持了平稳快速发展，固定资产投资规模不断扩大，为建筑业的发展提供了良好的市场环境。

回顾过去，我国工程建设成就辉煌。建筑业完成了一系列设计理念超前、结构造型复杂、科技含量高、使用要求高、施工难度大、令世界瞩目的重大工程，以及上百亿平方米的住宅建筑，为改善城乡居民居住条件作出了突出贡献。

我国建筑业产值与利润持续增长、支柱地位稳。2019 年我国生产总值为 990865.1 亿元，同比增长 6.1%。随着我国建筑业的高速发展，我国建筑业总产值在 2019 年达 248445.77 亿元，同比增长 10.02%，建筑业增加值占国内生产总值的比例达到近 10 年来的最高点 7.16%。同时，建筑业企业的利润总额持续增长，2019 年利润总额为 8381 亿元，建筑业行业利润率稳定在 3.5%左右，但近 3 年来利润增速开始出现放缓趋势。2010—2019 年全国建筑业总产值持续增长，增长趋势与建筑业利润总额的增长趋势相似，并且历年增长率普遍高于国内生产总值的增长率，建筑业增加值占国内生产总值的比例始终保持在 6.6%以上，建筑业作为国民经济的支柱产业地位非常稳固。

我国建筑业企业数量多、体量大。截至 2019 年底，我国建筑业企业共计 103814 个，从业人员数达到 5427.37 万人，建筑业从业人员数占全社会就业人员总数 77471 万人的 7.01%。同时，按建筑业总产值计算的劳动生产率在 2019 年达到 399656 元/人，同比增长 7.09%。2010—2019 年，我国建筑业企业数量增长迅猛，行业从业人员数量稳定在高位，建筑业在吸纳农村人口就业、推进新型城镇化建设和促进社会可持续发展等方面发挥着显著的社会效益，并且建筑业企业提质增效的推进效果显著，劳动生产率水平已实现连续 5 年的稳定增长，建筑业呈可持续发展态势。

建筑业对外承包工程规模大、走出去路径亟待转型。随着全球国际工程市场对国际化战略与提升国际竞争力问题的关注，以及国内工程市场的日趋饱和，国际竞争力对我国承揽国际工程的重要性日益凸显。随着“走出去”战略和“一带一路”倡议等不断推进，建筑业国际工程的相关政策法规也不断完善。目前我国对外承包工程规模大，截至 2019 年底，我国对外承包工程业务完成营业额为 1729 亿美元，同比增长 2.28%；新签合同额 2602.5 亿美元，同比增长 7.63%。同时，2019 年有 75 家中国企业入围 ENR 国际承包商 250 强，其国际收入总和占据了 ENR 国际承包商 250 强 24.4%的国际市场份额，连续 5 年稳步上升。目前我国对外承包工程的完成营业额及新签合同额都连年上升，但是其增长率波动较大且出现放缓趋势，究其原因主要在于我国国际施工承包总体大而不强，业务结构和市场布局主要集中在中低端，传统成本竞争优势下降，高端市场长期被欧美等企业垄断，难以突破发达国家承包商建立的壁垒，我国建筑业走出去路径亟待转型。

建筑产业技术进步和创新成效明显。许多大型工程勘察设计企业和建筑施工企业加大科技投入，建立企业技术开发中心和管理体系，重视工程技术标准规范的研究，突出核心技术攻关，设计、建造能力显著提高。超高层大跨度房屋建筑、大型工业设施设计建造与安装、大跨径长距离桥梁建造、高速铁路、大体积混凝土筑坝、钢结构施工、特高压输电等领域技术达到国际领先或先进水平。

建筑行业监管机制逐步健全。政府部门出台了建筑市场监管、工程质量安全管理、标准定额管理等一系列规章制度和政策文件，监管机制逐步健全，监管力度逐步加大，工程质量安全形势持续好转。

2. 建筑市场的发展环境

目前我国建筑市场的整体发展水平不断提高，市场交易额增幅较大，法律法规不断完善，市场主体依法从事建设活动的自觉性有所增强。但不可否认的是，建筑产业的高速发展同时也产生了诸多问题，市场发展环境不容乐观。

（1）建筑市场总体产能过剩　当前国内建筑市场准入门槛不高，施工企业过多，据统计局 2019 年数据，全国建筑业从业人员总计 5427.37 万人，市场容量相对于不断壮大的施工企业队伍和不断增长的产能在不断压缩，市场份额相对减少，产能过剩，特级企业与一级、二级企业同台竞争，导致竞争主体层次不清和市场竞争无序，市场供求矛盾进一步加深。施工总承包企业偏多，专业承包企业过少，目前存在大企业不强、中小企业不专，劳务层素质较低且疏于管理，且建筑工人老龄化严重现象。当前，很多不具备总承包实力的中、小企业却拥有总承包资质，有些甚至以出卖资质为主要业务，工程项目招投标过程中围标、串标、挂靠、转包等违法现象时有发生，这些情况进一步引发了市场恶性竞争，造成建筑市场混乱，影响了整个行业的健康发展。

（2）建筑市场法律制度有待进一步健全　招投标制度被引入我国建筑行业以来，政府和相关部门都相应出台了一系列政策、法规，包括《中华人民共和国招标投标法》《中华人民共和国合同法》《中华人民共和国反不正当竞争法》以及各省、市、自治区颁布的招投标管理规定、标准合同范本等，社会法治意识普遍提高。但个别单位由于受到“利益驱动”或“创工作政绩”需要的影响，在一定程度上忽视了法律约束，出现招投标行为不规范现象。集中反映在选择施工队伍、确定招标方式、过分要求缩短工期、领导干部行政干预以及招标领导小组主导招标工作等问题上，产生一些“权力标”“关系标”。一些工程急于开工，在初步设计或施工图设计深度达不到的情况下，提前招标定承包商进场施工，特别是一些所谓急事快办工程采用了方案招标方式，这种招标方式虽然提前了工程竣工时间，但违反基本建设程序，遗留了许多问题，比如，工程造价难以控制，竣工决算纠纷较多等。少数招标人出于自身利益考虑，分解工程、分次招标或回避公开招标，降低了对承包商的资质等级、业绩等要求，使能力和资质等级不同的承包商同台竞标，有的标段投标单位达到上百家，造成了社会资源的浪费。有的在招标投标活动中弄虚作假，与投标人或招标代理机构相互串通，以不合理条件限制或者排斥某些潜在投标人，私下签订背离合同实质性内容的阴阳合同等。

（3）变相垫资造成施工企业资金周转困难　不及时足额支付工程款、设计变更不及时签认，竣工结算延迟办理等现象时有发生。有的项目在工程交付使用多年后，仍存在拖欠工程款和逾期支付质保金的现象。投标单位在招投标阶段要交纳数百万元甚至上千万元的现金投标保证金及信誉保证金；中标单位要交纳中标价一定比例的现金作为履约担保金；低价中标单位要交纳低价中标价一定比例的现金信誉保证金。现金担保形式越来越多，担保金额不断增大，比例不断提高，使施工企业管理和财务成本加大、项目管理风险性提高，企业资金紧张，成本增大，项目亏损面加大，行业总体利润水平长期处于较低的水平，影响了施工企业正常的良性发展。

（4）如果监管工作缺位有导致地方保护现象发生的风险　现行的招投标监督机制是各部门分散的管理体制，招标监管与执法由行业或地方主管部门负责。各有关部门既对本行业招投标活动进行管理，又实施具体监督，有的是招标项目的实施人，有的是招标代理机构的上级等，这种错综复杂的监督体制，有带来监督部门监管工作缺位的风险。全国各地区招标投标具体管理办法不统一，个别地方部门为了局部利益，制定的招投标管理办法往往带有浓厚的地方保护色彩。例如刻意设置市场准入门槛，通过注册备案、许可证制度加以限制，要求每投标一个项目都要通过注册备案，办理许可证，办理时需要携带企业大量证件的原件；有的地区要求投标人要成立分公司，更有甚者要求成立子公司，给投标人的投标造成了很大的困难。有的在资信、业绩上加以排斥性限制，以及在评标办法中增加对本地企业加分的条款等。

（5）建筑企业技术水平和科技含量有待提高　根据我国建筑业总产值及利润总额等统计数据，不难发现长期以来，我国建筑业主要依赖资源要素投入来拉动发展，建筑业工业化、信息化水平较低，一些企业管理方式落后，生产方式粗放，科技创新能力不足，缺乏市场竞争能力，使得建筑业经济效益可持续增长出现瓶颈，“粗老笨重”的现状仍然是相当普遍。目前有些建筑业企业很难承揽到“高、大、难、精”工程，进而会影响和制约建筑市场的良性健康发展。

第二节　建筑市场的资质管理和承包模式

一、建筑市场的资质管理

为了加强对建筑活动的监督管理，维护公共利益和建筑市场秩序，保证建设工程质量安全，根据《中华人民共和国建筑法》《中华人民共和国行政许可法》《建设工程质量管理条例》《建设工程安全生产管理条例》等法律、行政法规，制定了《建筑业企业资质管理规定》（住房和城乡建设部令第 22 号），自 2015 年 3 月 1 日起施行，并在 2016 年和 2018 年先后进行两次修订。国务院建设主管部门负责全国建筑业企业资质的统一监督管理。省、自治区、直辖市人民政府建设主管部门负责本行政区域内建筑业企业资质的统一监督管理。

建筑业企业应当按照其拥有的注册资本、专业技术人员、技术装备和已完成的建筑工程业绩等条件申请资质，经审查合格，取得建筑业企业资质证书后，可从事资质许可范围相应等级的建设工程总承包业务，可以从事项目管理和相关的技术与管理服务。

1. 建筑业企业的资质分类

建筑业企业资质分为施工总承包资质、专业承包资质、施工劳务资质三个序列。

取得施工总承包资质的企业（以下简称施工总承包企业），可以承接施工总承包工程。施工总承包企业可以对所承接的施工总承包工程内各专业工程全部自行施工，也可以将专业工程或劳务作业依法分包给具有相应资质的专业承包企业或劳务分包企业。

取得专业承包资质的企业（以下简称专业承包企业），可以承接施工总承包企业分包的专业工程和建设单位依法发包的专业工程。专业承包企业可以对所承接的专业工程全部自行施工，也可以将劳务作业依法分包给具有相应资质的劳务分包企业。

取得施工劳务资质的企业（以下简称施工劳务企业），可以承接施工总承包企业或专业承包企业分包的劳务作业。

2. 建筑业企业资质的管理

（1）国务院住房和城乡建设主管部门的归口管理　下列建筑业企业资质，由国务院住房和城乡建设主管部门许可：

① 施工总承包资质序列特级资质、一级资质及铁路工程施工总承包二级资质；

② 专业承包资质序列公路、水运、水利、铁路、民航方面的专业承包一级资质及铁路、民航方面的专业承包二级资质；涉及多个专业的专业承包一级资质。

申请前款所列资质的，应当向企业工商注册所在地省、自治区、直辖市人民政府住房和城乡建设主管部门提出申请。其中，国务院国有资产管理部门直接监管的建筑企业及其下属一层级的企业，可以由国务院国有资产管理部门直接监管的建筑企业向国务院住房和城乡建设主管部门提出申请。

省、自治区、直辖市人民政府住房和城乡建设主管部门应当自受理申请之日起 20 个工作日内初审完毕，并将初审意见和申请材料报国务院住房和城乡建设主管部门。

国务院住房和城乡建设主管部门应当自省、自治区、直辖市人民政府住房和城乡建设主管部门受理申请材料之日起 60 个工作日内完成审查，公示审查意见，公示时间为 10 个工作日。其中，涉及公路、水运、水利、通信、铁路、民航等方面资质的，由国务院住房和城乡建设主管部门会同国务院有关部门审查。

（2）省级建设主管部门的归口管理　下列建筑业企业资质，由企业工商注册所在地省、自治区、直辖市人民政府住房和城乡建设主管部门许可：

① 施工总承包资质序列二级资质及铁路、通信工程施工总承包三级资质；

② 专业承包资质序列一级资质（不含公路、水运、水利、铁路、民航方面的专业承包一级资质及涉及多个专业的专业承包一级资质）；

③ 专业承包资质序列二级资质（不含铁路、民航方面的专业承包二级资质）；铁路方面专业承包三级资质；特种工程专业承包资质。

申请前款所列资质许可程序由省、自治区、直辖市人民政府住房和城乡建设主管部门依法确定，并向社会公布。

（3）地级市建设主管部门的归口管理　下列建筑业企业资质许可，由企业工商注册所在地设区的市人民政府建设主管部门实施：

① 施工总承包资质序列三级资质（不含铁路、通信工程施工总承包三级资质）；

② 专业承包资质序列三级资质（不含铁路方面专业承包资质）及预拌混凝土、模板脚手架专业承包资质；

③ 施工劳务资质；

④ 燃气燃烧器具安装、维修企业资质。

申请前款所列资质许可程序由设区的市级人民政府住房和城乡建设主管部门依法确定，并向社会公布。

3. 申请或增项申请建筑业企业资质所需材料

首次申请或者增项申请建筑业企业资质，应当提交以下材料：

① 建筑业企业资质申请表及相应的电子文档；

② 企业营业执照正副本复印件；

③ 企业章程复印件；

④ 企业资产证明文件复印件；

⑤ 企业主要人员证明文件复印件；

⑥ 企业资质标准要求的技术装备的相应证明文件复印件；

⑦ 企业安全生产条件有关材料复印件；

⑧ 按照国家有关规定应提交的其他材料。

二、建筑市场的承包模式

按照不同的分类标准，建筑市场的承包模式有不同的模式。按照资质要求，可以将建筑市场的承包模式分为施工总承包模式、专业承包、劳务分包等；按照承包的内容和范围、阶段，可以将建筑市场的承包模式分为施工总承包管理、工程总承包、工程分包、平行承发包等。

（一）施工总承包模式

施工总承包，是指建筑工程发包方将施工任务（一般指土建部分）发包给具有相应资质条件的施工总承包单位。根据《中华人民共和国建筑法》（主席令第 29 号）规定：大型建筑工程或者结构复杂的建筑工程，可以由两个以上的承包单位联合共同承包。

这种模式是业主首先委托设计单位对项目进行设计，设计完成或接近完成时，将全部施工任务发包给具有相应资质条件的施工总承包单位，按照设计单位完成的设计进行施工。

施工总承包模式的特点如下。

1. 费用控制

① 在通过招标选择施工总承包单位时，一般以施工图设计为投标报价的基础，投标人的投标报价较有依据。

② 在开工前就有较明确的合同价，有利于业主对总造价的早期控制。

③ 若在施工过程中发生设计变更，则可能发生索赔。

2. 进度控制

一般要等施工图设计全部结束后，才能进行施工总承包单位的招标，开工日期较迟，建设周期势必较长，对进度控制不利。这是施工总承包模式的最大缺点，限制了其在建设周期紧迫的建设工程项目中的应用。

3. 质量控制

建设工程项目质量的好坏在很大程度上取决于施工总承包单位的选择，取决于施工总承包单位的管理水平和技术水平。业主对施工总承包单位的依赖较大。

4. 合同管理

业主只需要进行一次招标，与一个施工总承包商签约，招标及合同管理工作量大大减小，对业主有利。该模式的施工分包往往由施工总承包单位选择，由业主认可。

5. 组织与协调

业主只负责对施工总承包单位的管理及组织协调，工作量大大减小，对业主比较有利。

采用施工总承包模式，业主的合同管理工作量不大，组织和协调工作量也比较小，协调比较容易。但建设周期可能比较长，对进度控制不利。

（二）专业承包

专业承包指项目工程的发包人将工程中的专业工程发包给具有相应资质的企业完成的活动。

专业承包企业一般需要特殊的资质。

专业承包的范围包括：地基与基础工程，土石方工程，建筑装修装饰工程，建筑幕墙工程，钢结构工程，空调安装工程，建筑防水工程，金属门窗工程，设备安装工程，建筑智能化工程，线路管道工程，以及市政、桥梁工程中各专业工程，小区配套的道路、排水、园林、绿化工程等。

（三）劳务分包

劳务分包是指施工单位或者专业分包单位（均可作为劳务作业的发包人）将其承包工程的劳务作业发包给劳务分包单位完成的活动。即施工单位或专业分包单位承揽工程后，另外请劳务单位负责找工人进行施工，但仍由施工单位或专业分包单位组织施工管理。劳务分包是施工行业的普遍做法，法律在一定范围内允许。

工程的劳务分包，无须经过业主同意。业主不得指定劳务承包人。否则，劳务分包人将依法承担责任。

（四）施工总承包管理模式

这种模式是指业主方委托一个施工单位或由多个施工单位组成的施工联合体或施工合作体作为施工总包管理单位，业主方另委托其他施工单位作为分包单位进行施工。一般情况下，施工总承包管理单位不参与具体工程的施工，但如施工总承包管理单位也想承担部分工程的施工，它也可以参加该部分工程的投标，通过竞争取得施工任务。

施工总承包管理模式的特点如下。

1. 投资控制

一部分施工图完成后，业主就可以单独或与施工总承包管理单位共同进行该部分工程的招标，分包合同的投标报价和合同价以施工图为依据。

在进行对施工总承包管理单位的招标时，只确定施工总承包管理费，而不确定工程造价，这可能成为业主控制总投资的风险。

多数情况下，由业主方与分包人直接签约，这样有可能增加业主方的风险。

2. 进度控制

不需要等待于施工图设计完成后再进行施工总承包管理的招标，分包合同的招标也可以提前，这样就有利于提前开工，有利于缩短建设周期。

3. 质量控制

① 对分包人的质量控制由施工总承包管理单位进行。

② 分包工程任务符合质量控制的“他人控制”原则，对质量控制有利。

③ 各分包之间的关系可由施工总承包管理单位负责，这样就可以减轻业主方管理的工作量。

4. 合同管理

一般情况下，所有分包合同的招投标、合同谈判以及签约工作均由业主方负责，业主方的招标及合同管理工作量较大。

对于分包人的工程款支付可由施工总包管理单位支付或由业主直接支付，前者有利于施工总包管理单位对分包人的管理。

5. 组织与协调方面

由施工总承包管理单位负责对所有分包人的管理及组织协调，这样就大大减轻业主方的工作。这是采用施工总承包管理模式的基本出发点。

（五）工程总承包模式

随着社会经济的发展及业主对建设工程服务需求的综合性和集成性越来越高，工程总承包及国际工程承包（走出国门承接工程或国内工程允许外国公司承包）已成为当前与今后一段时间工程发承包的主流模式。

1. 工程总承包的类型

根据《建设项目工程总承包管理规范》（GB/T 50358—2017）的规定，“工程总承包”可以是全过程的承包，也可以是分阶段的承包。工程总承包的范围、承包方式、责权利等由工程总承包合同界定。工程总承包主要有以下方式。

（1）设计采购施工（engineering-procurement-construction，EPC）总承包　EPC 总承包即工程总承包企业按照合同约定，承担工程项目的设计、采购、施工、试运行服务等工作，并对承包工程的质量、安全、工期、造价全面负责。

（2）交钥匙（trunkey）总承包　交钥匙总承包是设计采购施工总承包业务和责任的延伸，最终向业主提交一个满足使用功能、具备使用条件的工程，不仅承包工程项目的建设实施任务，而且提供建设项目前期工作和运营准备工作的综合服务。

① 交钥匙总承包的范围

a. 项目前期的投资机会研究、项目发展策划、建设方案及可行性研究和经济评价。

b. 工程勘察、总体规划方案和工程设计。

c. 工程采购和施工。

d. 项目动用准备和生产运营组织。

e. 项目维护及物业管理的策划与实施等。

② 与其他工程总承包方式相比，交钥匙总承包的优越性

a. 能满足某些业主的特殊要求。

b. 承包商承担的风险比较大，但获利的机会比较多，有利于调动总承包的积极性。

c. 业主介入的程度比较浅，有利于发挥承包商的主观能动性。

d. 业主与承包商之间的关系简单。

(3) 设计-施工总承包 (design-build，D-B) 设计-施工总承包即工程总承包企业按照合同约定，承担工程项目的设计和施工，并对承包工程的质量、安全、工期、造价全面负责。D-B 工程总承包的基本出发点是促进设计与施工的早期结合，以便有可能发挥设计和施工双方的优势，提高项目的经济性。D-B 工程总承包一般适用于建筑工程项目。但是纪念性建筑、新型建筑、大型土方工程及道路工程等设计工作量少的项目一般较少采用 D-B 工程总承包模式。

(4) 阶段性总承包模式 根据工程项目的不同规模、类型和业主要求，工程总承包还可采用设计-采购总承包、采购-施工总承包等方式。

(5) 工程项目管理总承包 工程项目管理总承包是指专业化、社会化的工程项目管理企业接受业主委托，按照合同约定承担工程项目管理业务，如在工程项目决策阶段，为业主进行项目策划、编制可行性研究报告和经济分析；在工程项目实施阶段，为业主提供招标代理、设计管理、采购管理、施工管理和试运行（竣工验收）等服务，为业主进行工程质量、安全、进度和费用目标控制，并按照合同约定承担相应的管理责任。工程项目管理企业不直接与该工程项目的总承包企业或勘察、设计、供货、施工等企业签订合同，但可以按合同约定，协助业主与上述企业签订合同，并受业主委托监督合同的履行。工程项目管理总承包的具体方式及服务内容、权限、取费和责任等，由业主与工程项目管理企业在合同中约定。

总承包的分类及其内容如表 2-1 所示。

表 2-1 工程总承包的分类与内容

总承包类型	工程项目建设程序							
	可行性研究	项目决策	初步设计	技术设计	施工图设计	材料设备采购	施工	试运行
设计采购施工总承包 (engineering-procurement-construction)			●	●	●	●	●	●
交钥匙总承包 (turnkey)	●	●	●	●	●	●	●	●
设计-施工总承包 (design-build)			●	●	●		●	
设计-采购总承包 (engineering-procurement)			●	●	●	●		
采购-施工总承包 (procurement-construction)						●	●	

2. 工程总承包的发展及主要特点

(1) 工程总承包的发展过程 发达国家工程总承包已经历了一百多年，我国于改革开放之初就提出了建立工程“总承包企业”的设想。1997 年颁布的《建筑法》第二十四条，确立了工程总承包的法律地位，2011 年《中华人民共和国招标投标法实施条例》（国务院令第 613 号）第二十九条，为总承包提供了实施依据；同年，有关部局制定了《建设项目工程总承包合同示范文本（试行）》（建市〔2011〕139 号）。随后，国务院、住建部相继发文，全面提出了加快推行工程总承包的各项具体要求，并将其作为建筑业改革的重点内容推进。2012 年九部委联合颁发了《标准设计施工总承包招标文件》（发改法规〔2011〕3018 号），标志着我国工程总承包市场逐渐走向了成熟完善的阶段。2017 年住建部发布了修改后的国家标准《建设项目工程总承包管理规范》（GB/T 50358—2017），2019 年住建部和发改委以建市规〔2019〕12 号文印发了《房屋建筑和市政基础设施项目工程总承包管理办法》，2020 年住建部和市监总局制定了《建设项目工程总承包合同（示范文本）》（GF-2020-0216），随着关于总承包规范文件的完善与细化，为加快推行工程总承包，促进行业转型升级，有效提升建筑业企业的核心竞争力，在“一带一路”大背景下，实施“走出去”奠定了坚实的基础。

（2）工程总承包的特点

① 工程总承包的优点

a. 有利于优化工程建设组织方式。在工程总承包合同环境下，业主将规定范围内的工程项目实施任务，通过合同约定，一揽子委托给工程总承包人负责设计和施工的规划、组织、指挥、协调和控制，总承包人利用自身很强的技术和管理综合能力，协调自己内部及分包商之间的关系，业主的组织和协调任务量少。这样的工程建设组织方式有利于提升建设效率和项目绩效。

b. 有利于设计和施工深度交叉，降低工程造价。在传统承包模式下，施工和设计是分离的，双方难以及时协调，常常产生造价和使用功能上的损失。设计和施工过程的深度交叉，能够在保证工程质量的前提下，最大幅度地降低成本。同时，进行设计修改优化的成本是很低的，但是对项目投资的影响却是决定性的。因此设计与施工的一体化完成可以从源头上实现发包人投资管控的目的。

c. 有利于缩短建设周期，提高工程质量。实现设计、采购、施工、试运行全过程的质量控制，能够在很大程度上消除了质量不稳定因素。同时设计、采购、施工、试运行各阶段的深度合理交叉，在设计阶段就积极引用新技术、新工艺，考虑到施工的便于操作性，最大限度地在施工前发现图纸存在的问题，有利于保证工程质量，对于缩短建设周期也大有裨益。

d. 有利于提高承包人的市场竞争力。当采用参照类似已完工程做估算投资包干的情况下，虽然对总承包人而言风险大，但相应地会带来更利于发挥自身技术和管理综合实力、获取更高预期经营效益的机遇，以及从设计到施工安装提供最终工程产品所带来的社会效应和知名度。工程总承包符合工程建设的客观规律，有利于发挥工程建设责任主体技术管理优势，有利于提升建筑业企业的核心竞争力，通过创新承包模式和经营手段，能在建筑市场上拓展增长空间，提升市场竞争力。

② 工程总承包的不足

a. 不利设计优化。当采用实际工程成本加比率酬金作为合同计价方式时，由于工程管理费等间接成本是根据直接费的一定比例计取，因此对于设计与施工捆绑在一起承包的情况，不利于设计过程追求最优化方案或挖潜节约投资潜力的努力，这也是实行工程总承包的主要弊端。

b. 工程估价较难。由于实行设计连同施工总承包，工程总承包的费用包括工程成本费用和承包商的经营等。在签订工程总承包合同时尚缺乏详细计算依据，因此，通常只能参照类似已完工程概算包干，或者采用实际成本加比率酬金等方式，双方商定一个可以共同接受，并有利于投资、进度和质量控制，保障承包商合法利益的结算和支付方案。

（六）工程分包模式

《建筑法》规定，工程总承包单位可以将承包工程中的部分工程发包给具有相应资质条件的分包单位，但是，除总承包合同中约定的分包外，必须经建设单位认可；施工总承包的，工程主体结构的施工必须由工程总承包单位自行完成。

1. 分包规定

（1）《标准设计施工总承包招标文件》（发改法规〔2011〕3018号）中关于分包和不得转包的规定

① 承包人不得将其承包的全部工程转包给第三人，也不得将其承包的全部工程支解后以分包的名义分别转包给第三人。

② 承包人不得将设计和施工的主体、关键性工作分包给第三人。除专用合同条款另有约定外，未经发包人同意，承包人也不得将非主体、非关键性工作分包给第三人。

③ 分包人的资格能力应与其分包工作的标准和规模相适应。

④ 发包人同意承包人分包工作的，承包人应向发包人和监理人提交分包合同副本。

（2）《建设项目工程总承包合同（示范文本）》（GF-2020-0216）中关于分包的规定

① 分包约定。承包人应按照专用合同条件约定对工作事项进行分包，确定分包人。

专用合同条件未列出的分包事项，承包人可在工程实施阶段分批分期就分包事项向发包人提交申请，发包人在接到分包事项申请后的14天内，予以批准或提出意见。未经发包人同意，承包人不得将提出的拟分包事项对外分包。发包人未能在14天内批准亦未提出意见的，承包人有权将提出的拟分包事项对外分包，但应在分包人确定后通知发包人。

② 分包人资质。分包人应符合国家法律规定的资质等级，否则不能作为分包人。承包人有义务对分包人的资质进行审查。

③ 承包人不得将其承包的全部工程转包给第三人，或将其承包的全部工程支解后以分包的名义转包给第三人。承包人不得将法律或专用合同条件中禁止分包的工作事项分包给第三人，不得以劳务分包的名义转包或违法分包工程。

④ 设计、施工和工程物资等分包人，应严格执行国家有关分包事项的管理规定。

⑤ 对分包人的付款。

a. 除本项b约定的情况或专用合同条件另有约定外，分包合同价款由承包人与分包人结算，未经承包人同意，发包人不得向分包人支付分包合同价款。

b. 生效法律文书要求发包人向分包人支付分包合同价款的，发包人有权从应付承包人工程款中扣除该部分款项，将扣款直接支付给分包人，并书面通知承包人。

⑥ 承包人对发包人负责。承包人对分包人的行为向发包人负责，承包人和分包人就分包工作向发包人承担连带责任。

2. 专业分包

（1）专业分包合同价款　根据《建设工程施工专业分包合同（示范文本）》（建市〔2003〕168号）的规定，招标工程的合同价款由承包人与分包人依据中标通知书的中标价格在专业分包合同协议书内约定；非招标工程的合同价款由承包人与分包人依据工程报价书在专业分包合同协议书内约定。分包工程合同价款在分包合同协议书内约定后，任何一方不得擅自改变。

分包合同价款的确定可在分包合同专用条款内，从固定价格、可调价格、成本加酬金三种方式中采用其中一种，但应与总包合同约定的方式一致。

（2）专业分包合同价款的调整　合同价款采用可调价格计价方式的，分包人在约定可“调整因素”的情况发生 10 天内，将调整原因、金额以书面形式通知承包人，承包人确认调整金额后作为追加合同价款，与工程价款同期支付。承包人收到通知后 10 天内不予确认也不提出修改意见，视为已经同意该项调整。

分包合同价款与总包合同相应部分价款无任何连带关系。

（3）专业分包合同价款的支付　承包人应按分包合同约定的时间和方式，向分包人支付工程款。除非专用条款另有约定外，未经承包人同意，发包人不得以任何形式向分包人支付各种工程款项。

（七）平行承发包模式

所谓平行承发包，是指业主将建设工程的设计、施工以及材料设备采购的任务经过分解分别发包给若干个设计单位、施工单位和材料设备供应单位，并分别与各方签订合同。各设计单位之间的关系是平行的，各施工单位之间的关系也是平行的，各材料设备供应单位之间的关系也是平行的。

1. 进行任务分解与确定合同数量、内容时应考虑的因素

（1）工程情况　建设工程的性质、规模、结构等是决定合同数量和内容的重要因素。建设工程实施时间的长短、计划的安排也对合同数量有影响。

（2）市场情况　首先，由于各类承建单位的专业性质、规模大小在不同市场的分布状况不同，建设工程的分解发包应力求使其与市场结构相适应；其次，合同任务和内容应对市场具有吸引力，中小型建设项目对中小型承建单位有吸引力，又不妨碍大型承建单位参与竞争；另外，还应按市场惯例做法、市场范围和有关规定来决定合同内容和大小。

（3）贷款协议要求　对两个以上贷款人的情况，可能贷款人对贷款使用范围、承包人资格等有不同要求，因此，需要在确定合同结构时予以考虑。

2. 平行承发包模式的优点

（1）有利于缩短工期　设计阶段与施工阶段有可能形成搭接关系，从而缩短整个建设工程工期。

（2）有利于质量控制　整个工程经过分解分别发包给各承建单位，合同约束与相互制约使每一部分能够较好地实现质量要求。

（3）有利于业主选择承建单位　大多数国家的建筑市场中，专业性强、规模小的承建单位一般占较大的比例。这种模式的合同内容比较单一、合同价值小、风险小，使它们有可能参与竞争。因此，无论大型承建单位还是中小型承建单位都有机会竞争。业主可在很大范围内选择承建单位，提高择优性。

3. 平行承发包模式的缺点

（1）合同管理困难　合同数量多，合同关系复杂，使建设工程系统内结合部位数量增加，组织协调工作量大。需加强合同管理的力度，加强各承建单位之间的横向协调工作。

（2）投资控制难度大　这主要表现在：一是总合同价不易确定，影响投资控制实施；二是工程招标任务量大，需控制多项合同价格，增加了投资控制难度；三是在施工过程中设计变更和修改较多，导致投资增加。

复习题

1. 什么是建筑市场？建筑市场的主体有哪些？
2. 简述工程承包的模式。
3. 平行承发包有什么优势？
4. 工程总承包的方式及其特点是什么？
5. 我国工程分包有哪些硬性规定？

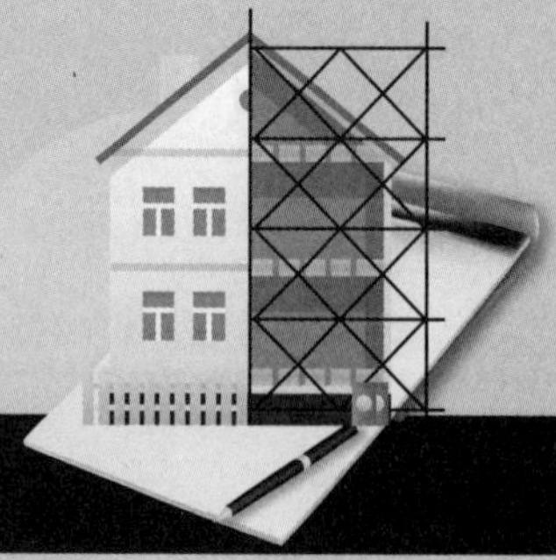

第三章

工程施工项目招标

2000 年施行的《中华人民共和国招标投标法》（以下简称《招标投标法》）对招投标行为作出了具体的规定。2020 年 8 月司法部办公厅向招投标协会、全国律协、建筑业协会等 46 家单位、部门发函，对《中华人民共和国招标投标法（修订草案送审稿）》定向征集意见，就目前进度看，修订后的《招标投标法》离颁布为期不远了。

第一节　招标概述

一、招标人及主要条件

工程招标是指建设单位对拟建的工程项目通过法定的程序和方式吸引建设项目的承包单位竞争，并从中选择条件优越者来完成工程建设任务的法律行为。

我国法学界认为，招标投标是一种民事行为。招标投标的目的是为了签订合同，或者说招标投标仅仅是合同订立过程中的环节。招标是要约邀请，而投标是要约，中标通知书是承诺。也就是说，招标实际上是邀请投标人对招标人提出要约（即报价），属于要约邀请。投标则是一种要约，它符合要约的所有条件，如具有缔结合同的主观目的；一旦中标，投标人将受投标书的约束；投标书的内容具有足以使合同成立的主要条件等。招标人向中标的投标人发出的中标通知书，则是招标人同意接受中标人的投标条件，即同意接受该投标人的要约的意思表示，应属于承诺。

《招标投标法》规定：招标人是依照本法规定提出招标项目、进行招标的法人或者其他组织。招标项目按照国家有关规定需要履行项目审批手续的，应当先履行审批手续，取得批准。招标人应当有进行招标项目的相应资金或者资金来源已经落实，并应当在招标文件中如实载明。

二、招标的分类

1. 从竞争程度进行分类

招标一般分为公开招标和邀请招标。

（1）公开招标　是指招标人以招标公告的方式邀请不特定的法人或者其他组织投标。公开招标，又叫竞争性招标，即由招标人在报刊、电子网络或其他媒体上刊登招标公告，吸引众多企业单位参加投标竞争，招标人从中择优选择中标单位的招标方式。采用这种招标方式可以为所有符合条件的承包商提供一个平等竞争的机会，发包方有较大的选择空间，有利于降低工程造价，提高工程质量和缩短工期。但是招标可能导致招标人对资格预审和评标的工作量加大，招标费用增加；同时也使投标人中标概率减少，从而增加其投标前期风险。

（2）邀请招标　是指招标人以投标邀请书的方式邀请特定的法人或者其他组织投标，也称有限竞争性招标。招标人采用邀请招标方式的，应当向三个以上具备承担招标项目能力、资信良好的特定的法人或者其他组织发出投标邀请书。采用这种招标方式，由于被邀请参加竞争的投标者数量确定，且一般为数不多，因此，不仅可以节省招标费用，而且能提高每个投标者的中标概率，所以对招标、投标双方都有利。

在我国建设市场中应大力推行公开招标。

2. 从招标的范围进行分类

从招标的范围进行分类可以分为国际招标和国内招标。

（1）国际招标　是指符合招标文件规定的国内、国外法人或其他组织，单独或联合其他法人或者其他组织参加投标，并按招标文件规定的币种结算的招标活动。

（2）国内招标　是指符合招标文件规定的国内法人或其他组织，单独或联合其他国内法人或其他组织参加投标，并用人民币结算的招标活动。

3. 从招标的组织形式进行分类

从招标的组织形式进行分类可以分为招标人自行招标和招标人委托招标机构代理招标。

（1）招标人自行招标　《中华人民共和国招标投标法》（主席令第 86 号）规定，招标人具有编制招标文件和组织评标能力，且进行招标项目的相应资金或资金来源已经落实，可以自行办理招标事宜：

① 有专门的施工招标组织机构；

② 有与工程规模、复杂程度相适应并具有同类工程施工招标经验、熟悉有关工程施工招标法律法规的工程技术、概预算及工程管理的专业人员。

不具备上述条件的，招标人应当委托具有相应资格的工程招标代理机构代理施工招标。

（2）招标人委托招标机构代理招标　自行办理招标事宜的招标人，未经主管部门核准的，招标人应委托招标机构代理招标。依据《工程建设项目招标代理机构资格认定办法》（建设部令第 154 号），工程建设项目招标代理机构，其资格分为甲级、乙级和暂定级。

招标代理机构代理招标业务，应当遵守《中华人民共和国招标投标法》和《中华人民共和国招标投标法实施条例》（国务院令第 709 号）关于招标人的规定。招标代理机构不得在所代理的招标项目中投标或者代理投标，也不得为所代理的招标项目的投标人提供咨询。

招标人应当与被委托的招标代理机构签订书面委托合同，合同约定的收费标准应当符合国家有关规定。

三、建设项目招标的范围

（一）必须进行招标的工程建设项目

1.《中华人民共和国招标投标法》的规定

根据《中华人民共和国招标投标法》（主席令第 86 号）第三条规定，凡在中华人民共和国境内进行下列工程建设项目，包括项目的勘察、设计、施工、监理以及与工程建设有关的重要设备、材料等的采购，必须进行招标：

① 大型基础设施、公用事业等关系社会公共利益、公众安全的项目；

② 全部或者部分使用国有资金投资或国家融资的项目；

③ 使用国际组织或者外国政府贷款、援助资金的项目。

2.《必须招标的工程项目规定》的规定

根据《中华人民共和国招标投标法》第三条的规定，2018 年 6 月施行的《必须招标的工程项目规定》（发展和改革委员会令第 16 号）对必须招标的工程项目进行了具体的规定。

（1）全部或者部分使用国有资金投资或者国家融资的项目　包括：

① 使用预算资金 200 万元人民币以上，并且该资金占投资额 10%以上的项目；

② 使用国有企业事业单位资金，并且该资金占控股或者主导地位的项目。

（2）使用国际组织或者外国政府贷款、援助资金的项目　包括：

① 使用世界银行、亚洲开发银行等国际组织贷款、援助资金的项目；

② 使用外国政府及其机构贷款、援助资金的项目。

（3）不属于（1）、（2）规定情形的大型基础设施、公用事业等关系社会公共利益、公众安全的项目　必须招标的具体范围由国务院发展改革部门会同国务院有关部门按照确有必要、严格限定的原则制定，报国务院批准。

（4）本规定（1）、（2）、（3）规定范围内的项目　其勘察、设计、施工、监理以及与工程建设有关的重要设备、材料等的采购达到下列标准之一的，必须招标：

① 施工单项合同估算价在 400 万元人民币以上；

② 重要设备、材料等货物的采购，单项合同估算价在 200 万元人民币以上；

③ 勘察、设计、监理等服务的采购，单项合同估算价在 100 万元人民币以上。

同一项目中可以合并进行的勘察、设计、施工、监理以及与工程建设有关的重要设备、材料等的采购，合同估算价合计达到前款规定标准的，必须招标。

3.《必须招标的基础设施和公用事业项目范围规定》的规定

而对于必须招标的基础设施和公用事业项目范围，原国家发展计划委员会也重新作出了规定，规定已于 2018 年 6 月 6 日起施行。根据《中华人民共和国招标投标法》和《必须招标的工程项目规定》制定了《必须招标的基础设施和公用事业项目范围规定》（国家发展计划委员会令第 3 号），规定如下。

不属于《必须招标的工程项目规定》第二条、第三条规定情形的大型基础设施、公用事业等关系社会公共利益、公众安全的项目，必须招标的具体范围包括：

① 煤炭、石油、天然气、电力、新能源等能源基础设施项目；

② 铁路、公路、管道、水运，以及公共航空和 A1 级通用机场等交通运输基础设施项目；

③ 电信枢纽、通信信息网络等通信基础设施项目；

④ 防洪、灌溉、排涝、引（供）水等水利基础设施项目；

⑤ 城市轨道交通等城建项目。

2000 年《工程建设项目招标范围和规模标准规定》同时废止。

（二）必须招标项目的例外情形

《中华人民共和国招标投标法》规定，涉及国家安全、国家秘密、抢险救灾或者属于利用扶贫资金实行以工代赈、需要使用农民工等特殊情况，不适宜进行招标的项目，按照国家有关规定可以不进行招标。

（三）可以不招标的工程建设项目

1.《工程建设项目施工招标投标办法》的规定

《工程建设项目施工招标投标办法》（九部委令第 23 号）关于可以不招标的项目的规定需要审批的工程项目，有下列情形之一的，经有关审批部门批准，可以不招标：

① 涉及国家安全、国家秘密、抢险救灾或者属于利用扶贫资金实行以工代赈、需要使用农民工等特殊情况，不适宜进行招标；

② 施工主要技术采用不可替代的专利或者专有技术；

③ 已通过招标方式选定的特许经营项目投资人依法能够自行建设；

④ 采购人依法能够自行建设；

⑤ 在建工程追加的附属小型工程或者主体加层工程，原中标人仍具备承包能力，并且其他人承担将影响施工或者功能配套要求；

⑥ 国家规定的其他情形。

2.《中华人民共和国招标投标法》的规定

除《中华人民共和国招标投标法》第六十六条规定的可以不进行招标的特殊情况外，有下列情形之一的，可以不进行招标：

① 需要采用不可替代的专利或者专有技术；

② 采购人依法能够自行建设、生产或者提供；

③ 已通过招标方式选定的特许经营项目投资人依法能够自行建设、生产或者提供；

④ 需要向原中标人采购工程、货物或者服务，否则将影响施工或者功能配套要求；

⑤ 国家规定的其他特殊情形。

对于招标的资金范围，条例增加了相应的规定：以暂估价形式包括在总承包范围内的工程、货物、服务属于依法必须进行招标的项目范围且达到国家规定规模标准的，应当依法进行招标。

四、我国招标投标的法律、法规框架

我国招标投标制度是伴随着改革开放而逐步建立并完善的。改革开放后的 1984 年，原国家计委、原城乡建设环境保护部联合下发了《建设工程招标投标暂行规定》，倡导实行建设工程招投标，我国由此开始推行招投标制度。

招标投标法律体系由有关法律、法规、规章及规范性文件构成。

1. 法律

由全国人大及其常委会制定，以国家主席令的形式向社会公布。

例如，《中华人民共和国招标投标法》。

2. 法规

包括行政法规和地方性法规。

（1）行政法规　由国务院制定，由总理签署国务院令公布。有关国防建设的行政法规，可以由国务院总理、中央军事委员会主席共同签署国务院、中央军事委员会令公布。例如，《招标投标法实施条例》。

（2）地方性法规　由省、自治区、直辖市及较大的市（省、自治区政府所在地的市，经济特区所在地的市，经国务院批准的较大的市）的人大及其常委会制定。以地方人大公告的方式公布。

例如，《江苏省招标投标条例》（江苏省人大常委会公告第 33 号）。

3. 规章

包括国务院部门规章和地方政府规章。

（1）国务院部门规章　是指国务院各部、委员会、中国人民银行、审计署和具有行政管理职能的直属机构制定，以部委令的形式公布。

例如，《工程建设项目勘察设计招标投标办法》（国家发展和改革委员会、建设部、铁道部、交通部、信息产业部、水利部、中国民用航空总局、国家广播电影电视总局令第 2 号），《工程建设项目施工招标投标办法》（国家发展计划委员会、建设部、铁道部、交通部、信息产业部、水利部、中国民用航空总局令第 30 号），《必须招标的工程项目规定》（国家发展和改革委员会令第 16 号）。

（2）地方政府规章　由省、自治区、直辖市、省及自治区政府所在地的市、经国务院批准的较大的市的政府制定，通常由省长、自治区主席、市长或者自治州州长签署命令予以公布，一般以规定、办法等为名称。

例如，《江苏省国有资金投资工程建设项目招标投标管理办法》（江苏省人民政府令第 120 号）。

4. 规范性文件

各级政府及其所属部门和派出机关在其职权范围内，依据法律、法规和规章制定的具有普遍约束力的具体规定。

例如，《必须招标的基础设施和公用事业项目范围规定》（发改法规〔2018〕843 号）；国家发展改革委办公厅关于进一步做好《必须招标的工程项目规定》和《必须招标的基础设施和公用事业项目范围规定》实施工作的通知（发改办法规〔2020〕770 号）；《江苏省房屋建筑和市政基础设施工程招标投标活动异议与投诉处理实施办法》（苏建规字〔2016〕4 号）。

第二节　工程项目施工招标程序

在建设项目各种招标活动中，施工招标是最有代表性的，本节将着重介绍施工招标的过程。施工招标是指招标人的施工任务发包，通过招标方式鼓励施工企业投标竞争，从中选出技术能力强、管理水平高、信誉可靠且报价合理的承建单位，并以签订合同的方式约束双方在施工过程中的行为的经济活动。施工招标的特点之一是发包工作内容明确具体，各投标人编制的投标书在评标中易于横向对比。虽然投标人是按招标文件的工程量表中既定的工作内容和工程量编制标书、制定报价，但投标实际上是各施工单位完成该项目任务的技术、经济、管理等综合能力的竞争。

建设项目施工招投标是一项非常规范的管理活动，以公开招标为例，一般应遵循以下流程——招标、投标、评标与定标三个阶段，具体流程如图 3-1 所示。

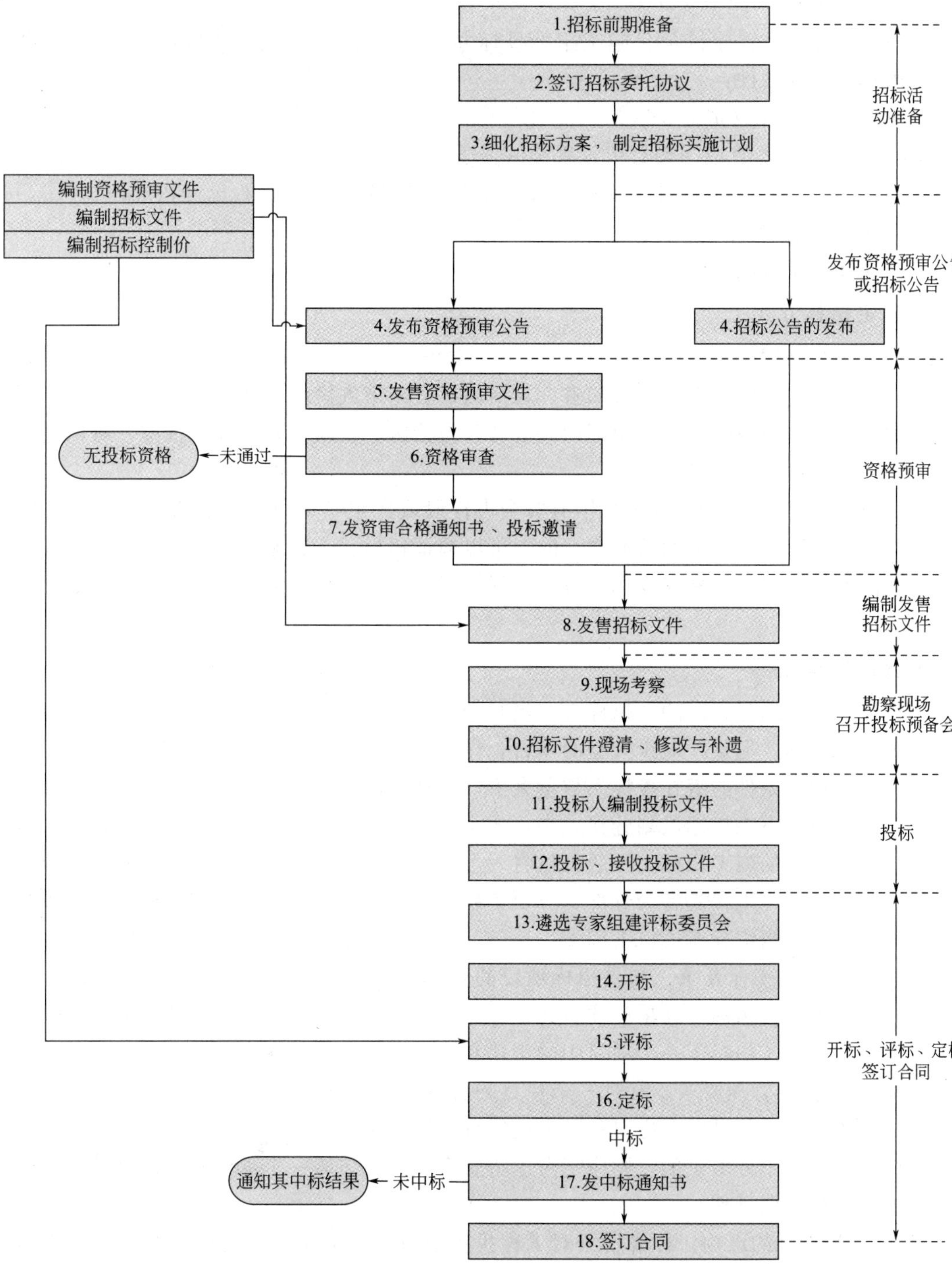

图 3-1　建设项目施工公开招标程序示意图

一、招标活动的准备工作

建设项目施工招标前，招标人应当办理有关的审批手续、确定招标方式以及划分标段等工作。

1. 招标必须具备的基本条件

按照九部委《工程建设项目施工招标投标办法》的规定，依法必须招标的工程建设项目，应当具备下列条件：

① 招标人已经依法成立；

② 初步设计及概算应当履行审批手续的，已经批准；

③ 招标范围、招标方式和招标组织形式等应当履行核准手续的，已经核准；

④ 有相应资金或资金来源已经落实；

⑤ 有招标所需的设计图纸及技术资料。

2. 确定招标方式

招标分为公开招标和邀请招标两种方式，《中华人民共和国招标投标法》规定，国务院发展计划部门确定的国家重点项目和省、自治区、直辖市人民政府确定的地方重点项目不适宜公开招标的，经国务院发展计划部门或者省、自治区、直辖市人民政府批准，可以进行邀请招标。

《招标投标法实施条例》规定，国有资金占控股或者主导地位的依法必须进行招标的项目，应当公开招标；但有下列情形之一的，可以邀请招标：①技术复杂、有特殊要求或者受自然环境限制，只有少量潜在投标人可供选择；②采用公开招标方式的费用占项目合同金额的比例过大。

3. 标段的划分

招标项目需要划分标段的，招标人应当合理划分标段。一般情况下，一个项目应当作为一个整体进行招标。但是，对于大型的项目，作为一个整体进行招标将大大降低招标的竞争性，因为符合招标条件的潜在投标人数量太少，这样就应当将招标项目划分成若干个标段分别进行招标。但也不能将标段划分得太小，太小的标段将失去对实力雄厚的潜在投标人的吸引力。如建设项目的施工招标，一般可以将一个项目分解为单位工程及特殊专业工程分别招标，但不允许将单位工程支解为分部、分项工程进行招标。标段的划分是招标活动中较为复杂的一项工作，应当综合考虑以下因素。

① 招标项目的专业要求。如果招标项目的几部分内容专业要求接近，则该项目可以考虑作为一个整体进行招标。如果该项目的几部分内容专业要求相距甚远，则可考虑划分为不同的标段分别招标。如对于一个项目中的土建和设备安装两部分内容则可考虑分别招标。

② 招标项目的管理要求。有时一个项目的各部分内容相互之间干扰不大，方便招标人进行统一管理，这时就可以考虑对各部分内容分别进行招标。反之，如果各个独立的承包商之间的协调管理是十分困难的，则应当考虑将整个项目发包给一个承包商，由该承包商进行分包后统一进行协调管理。

③ 对工程投资的影响。标段划分对工程投资也有一定的影响。这种影响是由多方面因素造成的。如一个项目作为一个整体招标，则承包商需要进行分包，分包的价格在一般情况下不如直接发包的价格低；但一个项目作为一个整体招标，有利于承包商的统一管理，人

工、机械设备、临时设施等可以统一使用，又可能降低费用。因此，应当具体情况具体分析。

④ 工程各项工作的衔接。在划分标段时还应当考虑到项目在建设过程中的时间和空间的衔接。应当避免产生平面或立面交接工作责任不清的情况。如果建设项目的各项工作的衔接、交叉和配合少，责任清楚，则可考虑分别发包；反之，则应考虑将项目作为一个整体发包给一个承包商，因为此时由一个投标人进行协调管理容易做好衔接工作。

《中华人民共和国招标投标法实施条例》规定：招标人对招标项目划分标段的，应当遵守《中华人民共和国招标投标法》的有关规定，不得利用划分标段限制或者排斥潜在投标人。依法必须进行招标的项目的招标人不得利用划分标段规避招标。

二、资格预审公告或招标公告的编制与发布

招标公告是指采用公开招标方式的招标人（包括招标代理机构）向所有潜在的投标人发出的一种广泛的通告。招标公告的目的是使所有潜在的投标人都具有公平的投标竞争的机会。招标人采用公开招标方式的，应当发布招标公告。根据《标准施工招标文件》（九部委令第 56 号）的规定，若在公开招标过程中采用资格预审程序，可用资格预审公告代替招标公告，资格预审后不再单独发布招标公告。

依法必须进行招标的项目的资格预审公告和招标公告，应当在国务院发展改革部门依法指定的媒介发布。在不同媒介发布的同一招标项目的资格预审公告或者招标公告的内容应当一致。指定媒介发布依法必须进行招标的项目的境内资格预审公告、招标公告，不得收取费用。招标人应当按照资格预审公告、招标公告或者投标邀请书规定的时间、地点发售资格预审文件或者招标文件。资格预审文件或者招标文件的发售期不得少于 5 日（5 个日历天，非工作日）。

招标人发售资格预审文件、招标文件收取的费用应当限于补偿印刷、邮寄的成本支出，不得以营利为目的。

1. 资格预审公告和招标公告的内容

按照《招标公告和公示信息发布管理办法》（国家发展和改革委员会令第 10 号）的规定，资格预审公告具体包括以下内容：

① 招标项目名称、内容、范围、规模、资金来源；

② 投标资格能力要求，以及是否接受联合体投标；

③ 获取资格预审文件或招标文件的时间、方式；

④ 递交资格预审文件或投标文件的截止时间、方式；

⑤ 招标人及其招标代理机构的名称、地址、联系人及联系方式；

⑥ 采用电子招标投标方式的，潜在投标人访问电子招标投标交易平台的网址和方法；

⑦ 其他依法应当载明的内容。

2. 资格预审公告和招标公告发布的要求

为规范招标公告和公示信息发布活动，保证各类市场主体和社会公众平等、便捷、准确地获取招标信息，自 2018 年 1 月 1 日起生效实施的《招标公告和公示信息发布管理办法》（国家发展和改革委员会令第 10 号），对招标公告的发布作出了明确的规定，资格预审公告的发布可参照此规定。

（1）对招标公告发布的要求。招标公告应当根据招标投标法律法规，以及国家发展和改革委员会会同有关部门制定的标准文件编制，实现标准化、格式化。且应当在“中国招标投标公共服务平台”或者项目所在地省级电子招标投标公共服务平台发布。

依法必须招标项目的招标公告和公示信息鼓励通过电子招标投标交易平台录入后交互至发布媒介核验发布，也可以直接通过发布媒介录入并核验发布。按照电子招标投标有关数据规范要求交互招标公告和公示信息文本的，发布媒介应当自收到起 12 小时内发布。采用电子邮件、电子介质、传真、纸质文本等其他形式提交或者直接录入招标公告和公示信息文本的，发布媒介应当自核验确认起 1 个工作日内发布。核验确认最长不得超过 3 个工作日。

招标人或其招标代理机构应当对其提供的招标公告和公示信息的真实性、准确性、合法性负责。发布媒介和电子招标投标交易平台应当对所发布的招标公告和公示信息的及时性、完整性负责。发布媒介应当按照规定采取有效措施，确保发布招标公告和公示信息的数据电文不被篡改、不遗漏和至少 10 年内可追溯。

（2）对招标人的要求。拟发布的招标公告和公示信息文本应当由招标人或其招标代理机构盖章，并由主要负责人或其授权的项目负责人签名。采用数据电文形式的，应当按规定进行电子签名。招标人或其招标代理机构发布招标公告和公示信息，应当遵守招标投标法律法规关于时限的规定。

（3）拟发布的招标公告文本有下列情形之一的，有关媒介可以要求招标人或其委托的招标代理机构及时予以改正、补充或调整：

① 招标公告载明的事项不符合对招标公告和招标人发布的要求；

② 在两家以上媒介发布的同一招标项目的招标公告和公示信息内容不一致；

③ 招标公告和公示信息内容不符合法律法规规定。

指定媒介发布的招标公告的内容与招标人或其委托的招标代理机构提供的招标公告文本不一致，并造成不良影响的，应当及时纠正，重新发布。

3. 资格预审公告和招标公告的澄清或修改

招标人可以对已发出的资格预审文件或者招标文件进行必要的澄清或者修改。澄清或者修改的内容可能影响资格预审申请文件或者投标文件编制的，招标人应当在提交资格预审申请文件截止时间至少 3 日前，或者投标截止时间至少 15 日前，以书面形式通知所有获取资格预审文件或者招标文件的潜在投标人；不足 3 日或者 15 日的，招标人应当顺延提交资格预审申请文件或者投标文件的截止时间。

4. 资格预审文件和招标公告的异议处理

潜在投标人或者其他利害关系人对资格预审文件有异议的，应当在提交资格预审申请文件截止时间 2 日前提出；对招标文件有异议的，应当在投标截止时间 10 日前提出。招标人应当自收到异议之日起 3 日内作出答复；作出答复前，应当暂停招标投标活动。

三、资格审查

招标人可以根据招标项目本身的特点和需要，要求潜在投标人或者投标人提供满足其资格要求的文件，对潜在投标人或者投标人进行资格审查。资格审查可以分为资格预审和资格后审。资格预审是指在投标前对潜在投标人进行的资质条件、业绩、信誉、技术、资金等多方面情况进行资格审查，而资格后审是指在开标后对投标人进行的资格审查。采取资格预审的，招标人应当在资格预审文件中载明资格预审的条件、标准和方法；采取资格后审的，招标人应当在招标文件中载明对投标人资格要求的条件、标准和方法。招标人不得改变载明的资格条件或者以没有载明的资格条件对潜在投标人或者投标人进行资格审查。除招标文件另有规定外，进行资格预审的，一般不再进行资格后审。资格预审和后审的内容与标准是相同的，此处主要介绍资格预审。

资格预审的目的是为了排除那些不合格的投标人，进而降低招标人的采购成本，提高招标工作的效率。资格预审的程序如下。

1. 发出资格预审文件

发出资格预审公告后，招标人向申请参加资格预审的申请人出售资格审查文件。

资格预审文件的内容主要包括：资格预审公告、申请人须知、资格审查办法、资格预审申请文件格式、项目建设概况等内容，同时还包括关于资格预审文件澄清和修改的说明。

2. 投标人提交资格预审申请文件

招标人应当合理确定提交资格预审申请文件的时间。依法必须进行招标的项目提交资格预审申请文件的时间，自资格预审文件停止发售之日起不得少于 5 日。

资格预审申请文件应包括下列内容：

① 资格预审申请函；

② 法定代表人身份证明或附有法定代表人身份证明的授权委托书；

③ 联合体协议书（如工程接受联合体投标）；

④ 申请人基本情况表；

⑤ 近年财务状况表；

⑥ 近年完成的类似项目情况表；

⑦ 正在施工和新承接的项目情况表；

⑧ 近年发生的诉讼及仲裁情况；

⑨ 其他材料。

3. 对投标申请人的审查和评定

国有资金占控股或者主导地位的依法必须进行招标的项目，招标人应当组建资格审查委员会审查资格预审申请文件。资格审查委员会及其成员应当遵守《中华人民共和国招标投标法》和《中华人民共和国招投标法实施条例》有关评标委员会及其成员的规定。

招标人组建的资格审查委员会在规定时间内，按照资格预审文件中规定的标准和方法，对提交资格预审申请文件的潜在投标人资格进行审查。

（1）投标申请人应当符合的条件　资格预审的内容包括基本资格审查和专业资格审查两部分。基本资格审查是指对申请人合法地位和信誉等进行的审查，专业资格审查是对已经具备基本资格的申请人履行拟定招标采购项目能力的审查，具体来说，投标申请人应当符合下列条件：

① 具有独立订立合同的权利；

② 具有履行合同的能力，包括专业、技术资格和能力，资金、设备和其他物质设施状况，管理能力，经验、信誉和相应的从业人员；

③ 没有处于被责令停业，投标资格被取消，财产被接管、冻结，破产状态；

④ 在最近三年内没有骗取中标和严重违约及重大工程质量问题；

⑤ 法律、行政法规规定的其他资格条件。

(2) 对于投标人的限制性规定　根据《标准施工招标资格预审文件》(九部委令第56号)规定，投标申请人不得存在下列情形之一：

① 为招标人不具有独立法人资格的附属机构(单位)；

② 为本标段前期准备提供设计或咨询服务的，但设计施工总承包的除外；

③ 为本标段的监理人；

④ 为本标段的代建人；

⑤ 为本标段提供招标代理服务的；

⑥ 与本标段的监理人或代建人或招标代理机构同为一个法定代表人的；

⑦ 与本标段的监理人或代建人或招标代理机构相互控股或参股的；

⑧ 与本标段的监理人或代建人或招标代理机构相互任职或工作的；

⑨ 不按审查委员会要求澄清或说明的；

⑩ 在资格预审过程中弄虚作假、行贿或有其他违法违规行为的。

(3) 资格审查办法　资格审查办法主要有合格制审查办法和有限数量制审查办法。

① 合格制审查办法。投标申请人凡符合初步审查标准和详细审查标准的，均可通过资格预审。

a. 初步审查的要素、标准包括：申请人名称与营业执照、资质证书、安全生产许可证一致，有法定代表人或其委托代理人签字或加盖单位章，申请文件格式填写符合要求，联合体申请人已提交联合体协议书，并明确联合体牵头人(如有)。

b. 详细审查的要素、标准包括：具备有效的营业执照，具备有效的安全生产许可证，资质等级、财务状况、类似项目业绩、信誉、项目经理资格、其他要求及联合体申请人等，均符合有关规定。

无论是初步审查，还是详细审查，其中有一项因素不符合审查标准的，均不能通过资格预审。

② 有限数量制审查办法。审查委员会依据规定的审查标准和程序，对通过初步审查和详细审查的资格预审申请文件进行量化打分，按得分由高到低的顺序确定通过资格预审的申请人。通过资格预审的申请人不得超过规定的数量。该方法除保留了合格制审查办法下的初步审查、详细审查的要素、标准外，还增加了评分环节，主要的评分标准包括财务状况、类似项目业绩、信誉和认证体系等。评分中，通过详细审查的申请人不少于3个且没有超过规定数量的，均通过资格预审。如超过规定数量的，审查委员会依据评分标准进行评分，按得分由高到低顺序排列。

上述两种方法中，如通过详细审查申请人的数量不足3个的，招标人重新组织资格预审或不再组织资格预审而直接招标。

4. 发出通知与申请人确认

招标人在规定的时间内，以书面形式将资格预审结果通知申请人，并向通过资格预审的申请人发出投标邀请书。通过资格预审的申请人收到投标邀请书后，应在规定的时间内以书面形式明确表示是否参加投标。在规定时间内未表示是否参加投标或明确表示不参加投标的，不得再参加投标。因而造成潜在投标人数量不足3个的，招标人重新组织资格预审或不再组织资格预审而直接招标。

招标人采用资格后审办法对投标人进行资格审查的，应当在开标后由评标委员会按照招标文件规定的标准和方法对投标人的资格进行审查。

四、编制和发售招标文件

招标人应当按照资格预审公告、招标公告或者投标邀请书规定的时间、地点发售资格预审文件或者招标文件。资格预审文件或者招标文件的发售期不得少于5日。

1.编制施工招标文件

根据《标准施工招标文件》（九部委令第56号）的规定，施工招标文件包括以下内容。

（1）招标公告（或投标邀请书）　当未进行资格预审时，招标文件中应包括招标公告。当进行资格预审时，招标文件中应包括投标邀请书，该邀请书可代替资格预审通过通知书，以明确投标人已具备了在某具体项目某具体标段的投标资格，其他内容包括招标文件的获取、投标文件的递交等。

（2）投标人须知　主要包括对于项目概况的介绍和招标过程的各种具体要求，在正文中的未尽事宜可以通过“投标人须知前附表”进行进一步明确（表3-1），由招标人根据招标项目具体特点和实际需要编制和填写，但务必与招标文件的其他章节相衔接，并不得与投标人须知正文的内容相抵触，否则抵触内容无效。投标人须知包括如下10个方面的内容。

表3-1　投标人须知前附表示例

条款号	条款名称	编列内容
1.1.2	招标人	名称： 地址： 联系人： 电话： 电子邮件：
1.1.3	招标代理机构	名称： 地址： 联系人： 电话： 电子邮件：
1.1.4	项目名称	
1.1.5	建设地点	
1.2.1	资金来源	
1.2.2	出资比例	
1.2.3	资金落实情况	
1.3.1	招标范围	关于招标范围的详细说明见第七章“技术标准和要求”。
1.3.2	计划工期	计划工期：日历天 计划开工日期：年　月　日 计划竣工日期：年　月　日 除上述总工期外，发包人还要求以下区段 工期：有关工期的详细要求见第七章“技术标准和要求”。
1.3.3	质量要求	质量标准： 关于质量要求的详细说明见第七章“技术标准和要求”。

续表

条款号	条款名称	编列内容
1.4.1	投标人资质条件、能力和信誉	资质条件： 财务要求： 业绩要求： 信誉要求： 项目经理资格：　　专业　　级(含以上级)注册建造师执业资格，具备有效的安全生产考核合格证书，且不得担任其他在施建设工程项目的项目经理。 其他要求：
1.4.2	是否接受联合体投标	□不接受 □接受，应满足下列要求： 联合体资质按照联合体协议约定的分工认定。
1.9.1	踏勘现场	□不组织 □组织，踏勘时间： 踏勘集中地点：
1.10.1	投标预备会	□不召开 □召开，召开时间： 召开地点：
…	…	…

① 总则。主要包括项目概况、资金来源和落实情况、招标范围、计划工期和质量要求的描述，对投标人资格要求的规定，对费用承担、保密、语言文字、计量单位等内容的约定，对踏勘现场、投标预备会的要求，以及对分包和偏离问题的处理。项目概况中主要包括项目名称、建设地点以及招标人和招标代理机构的情况等。

② 招标文件。主要包括招标文件的构成以及澄清和修改的规定。

③ 投标文件。主要包括投标文件的组成，投标报价编制的要求，投标有效期和投标保证金的规定，需要提交的资格审查资料，是否允许提交备选投标方案，以及投标文件标识所应遵循的标准格式要求。

④ 投标。主要规定投标文件的密封和标识、递交、修改及撤回的各项要求。在此部分中应当确定投标人编制投标文件所需要的合理时间，即投标准备时间，是指自招标文件开始发出之日起至投标人提交投标文件截止之日止，最短不得少于 20 天。采用电子招标投标在线提交投标文件的，最短不少于 10 日。

⑤ 开标。规定开标的时间、地点和程序。

⑥ 评标。说明评标委员会的组建方法，评标原则和采取的评标办法。

⑦ 合同授予。说明拟采用的定标方式，中标通知书的发出时间，要求承包人提交的履约担保和合同的签订时限。

⑧ 重新招标和不再招标。规定重新招标和不再招标的条件。

⑨ 纪律和监督。主要包括对招标过程各参与方的纪律要求。

⑩ 需要补充的其他内容。

(3) 评标办法　评标办法可选择经评审的最低投标价法和综合评估法。

(4) 合同条款及格式　包括本工程拟采用的通用合同条款、专用合同条款以及各种合同附件的格式。

(5) 工程量清单　工程量清单是表现拟建工程分部分项工程、措施项目和其他项目名称和相应数量的明细清单，以满足工程项目具体量化和计量支付的需要。是招标人编制最高投标限价和投标人编制投标价的重要依据。

如按照规定应编制最高投标限价的项目，其最高投标限价也应在招标时一并公布。

(6) 图纸　是指应由招标人提供的用于计算最高投标限价和投标人计算投标报价所必需的各种详细程度的图纸。

(7) 技术标准和要求　招标文件规定的各项技术标准应符合国家强制性规定。招标文件中规定的各项技术标准均不得要求或标明某一特定的专利、商标、名称、设计、原产地或生产供应者，不得含有倾向或者排斥潜在投标人的其他内容。如果必须引用某一生产供应商的技术标准才能准确或清楚地说明拟招标项目的技术标准时，则应当在参照后面加上“或相当于”的字样。

(8) 投标文件格式　提供各种投标文件编制所应依据的参考格式。

(9) 规定的其他材料　如需要其他材料，应在“投标人须知前附表”中予以规定。

2. 招标文件的发售

招标文件一般发售给通过资格预审、获得投标资格的投标人。投标人在收到招标文件后，应认真核对，核对无误后应以书面形式予以确认。

招标人发售资格预审文件、招标文件收取的费用应当限于补偿印刷、邮寄的成本支出，不得以营利为目的。投标人购买招标文件的费用，不论中标与否都不予退还。其中的图纸，招标人可以酌收押金。对于开标后将图纸退还的，招标人应当退还押金（不计利息）。

3. 招标文件的澄清

投标人应仔细阅读和检查招标文件的全部内容。如发现缺页或附件不全，应及时向招标人提出，以便补齐。如有疑问，应在规定的时间前以书面形式（包括信函、电报、传真等可以有形地表现所载内容的形式），要求招标人对招标文件予以澄清。

招标文件的澄清将在规定的投标截止时间 15 天前以书面形式发给所有购买招标文件的投标人，但不指明澄清问题的来源。如果澄清发出的时间距投标截止时间不足 15 天，相应推后投标截止时间。

投标人在收到澄清后，应在规定的时间内以书面形式通知招标人，确认已收到该澄清。投标人收到澄清后的确认时间，可以采用一个相对的时间，如招标文件澄清发出后 12 小时以内；也可以采用一个绝对的时间，如 2014 年 4 月 20 日中午 12：00 以前。

4. 招标文件的修改

招标人对已发出的招标文件进行必要的修改，应当在投标截止时间 15 天前，招标人可以书面形式修改招标文件，并通知所有已购买招标文件的投标人。如果修改招标文件的时间距投标截止时间不足 15 天，相应推后投标截止时间。投标人收到修改内容后，应在规定的时间内以书面形式通知招标人，确认已收到该修改文件。

五、踏勘现场与召开投标预备会

1. 踏勘现场

招标人根据招标项目的具体情况，可以组织投标人踏勘项目现场，向其介绍工程场地和相关环境的有关情况。《招标投标法》规定，招标人不得组织单个或者部分潜在投标人踏勘项目现场。

① 招标人组织投标人进行踏勘现场的目的在于了解工程场地和周围环境情况，以获取投标人认为有必要的信息。为便于投标人提出问题并得到解答，踏勘现场一般安排在投标预备会前的1～2天。

② 投标人在踏勘现场中如有疑问，应在投标预备会前以书面形式向招标人提出，但应给招标人留有解答时间。

③ 招标人应向投标人介绍有关现场的以下情况：施工现场是否达到招标文件规定的条件；施工现场的地理位置和地形、地貌；施工现场的地质、土质、地下水位、水文等情况；施工现场气候条件，如气温、湿度、风力、年雨雪量等；现场环境，如交通、饮水、污水排放、生活用电、通信等；工程在施工现场中的位置或布置；临时用地、临时设施搭建等。

④《标准施工招标文件》规定，招标人按招标文件中规定的时间、地点组织投标人踏勘项目现场；投标人踏勘现场发生的费用自理；除招标人的原因外，投标人自行负责在踏勘现场中所发生的人员伤亡和财产损失；招标人在踏勘现场中介绍的工程场地和相关的周边环境情况，供投标人在编制投标文件时参考，招标人不对投标人据此作出的判断和决策负责。

2. 召开投标预备会

投标人在领取招标文件、图纸和有关技术资料及踏勘现场后提出的疑问，招标人可通过以下方式进行解答。

（1）收到投标人提出的疑问后，应以书面形式进行解答，并将解答同时送达所有获得招标文件的投标人。

（2）收到提出的疑问后，通过投标预备会进行解答，并以书面形式同时送达所有获得招标文件的投标人。召开投标预备会的目的在于澄清招标文件中的疑问，解答投标人对招标文件和勘察现场中所提出的疑问。召开投标预备会有以下注意事项：

① 招标人按招标文件中规定的时间和地点召开投标预备会，澄清投标人提出的问题；

② 投标人应在规定的时间前，以书面形式将提出的问题送达招标人，以便招标人在会议期间澄清；

③ 投标预备会后，招标人在规定的时间内，将对投标人所提问题的澄清，以书面方式通知所有购买招标文件的投标人。该澄清内容为招标文件的组成部分。

结合有关招标文件澄清和修改的时间要求，召开投标预备会和对招标文件的澄清、修改应符合图3-2所示的时间要求。

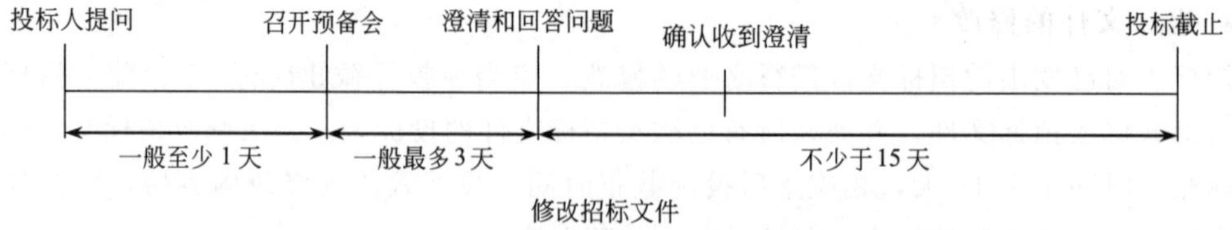

图3-2　投标预备会、招标文件澄清、修改时间流程图

六、招标活动中的注意事项

1. 两阶段招标的使用

对技术复杂或者无法精确拟定技术规格的项目，招标人可以分两阶段进行招标。

第一阶段，投标人按照招标公告或者投标邀请书的要求提交不带报价的技术建议，招标人根据投标人提交的技术建议确定技术标准和要求，编制招标文件。

第二阶段，招标人向在第一阶段提交技术建议的投标人提供招标文件，投标人按照招标文件的要求提交包括最终技术方案和投标报价的投标文件。

招标人要求投标人提交投标保证金的，应当在第二阶段提出。

2. 招标人终止招标的处理

招标人终止招标的，应当及时发布公告，或者以书面形式通知被邀请的或者已经获取资格预审文件、招标文件的潜在投标人。已经发售资格预审文件、招标文件或者已经收取投标保证金的，招标人应当及时退还所收取的资格预审文件、招标文件的费用，以及所收取的投标保证金及银行同期存款利息。

3. 不合理的条件限制、排斥潜在投标人或者投标人的界定

招标人有下列行为之一的，属于以不合理条件限制、排斥潜在投标人或者投标人：

① 就同一招标项目向潜在投标人或者投标人提供有差别的项目信息；

② 设定的资格、技术、商务条件与招标项目的具体特点和实际需要不相适应或者与合同履行无关；

③ 依法必须进行招标的项目以特定行政区域或者特定行业的业绩、奖项作为加分条件或者中标条件；

④ 对潜在投标人或者投标人采取不同的资格审查或者评标标准；

⑤ 限定或者指定特定的专利、商标、品牌、原产地或者供应商；

⑥ 依法必须进行招标的项目非法限定潜在投标人或者投标人的所有制形式或者组织形式；

⑦ 以其他不合理条件限制、排斥潜在投标人或者投标人。

4. 招标活动的时限要求

相关活动的时限要求如图 3-3 所示。

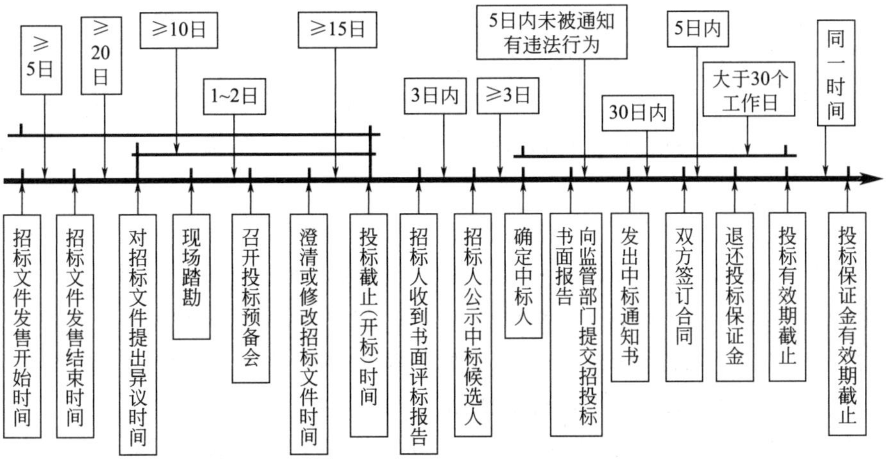

图 3-3　招标活动的时限要求

第三节　招标工程量清单与最高投标限价的编制

对于招标发包，关键的是应从施工招标开始，在拟定招标文件的同时，科学合理地编制工程量清单、最高投标限价以及评标标准和办法，只有这样，才能对投标报价、合同价的约定以至后期的工程结算起到良好的控制作用。

一、招标工程量清单的编制

招标工程量清单是招标人依据国家标准、招标文件、设计文件以及施工现场实际情况编制的，随招标文件发布供投标报价的工程量清单，包括对其的说明和表格。编制招标工程量清单，应充分体现“量价分离”的“风险分担”原则。招标阶段，由招标人或其委托的工程造价咨询人根据工程项目设计文件，编制出招标工程项目的工程量清单，并将其作为招标文件的组成部分。招标人对工程量清单中各分部分项工程或适合以分部分项工程量清单设置的措施项目的工程量的准确性和完整性负责；投标人应结合企业自身实际、参考市场有关价格信息完成清单项目工程的组合报价，并对其承担风险。

（一）招标工程量清单编制依据及准备工作

1. 招标工程量清单编制的编制依据

①《建设工程工程量清单计价规范》（GB 50500—2013）以及各专业工程计量规范等。

② 国家或省级、行业建设主管部门颁发的计价定额和办法。

③ 建设工程设计文件及相关资料。

④ 与建设工程有关的标准、规范、技术资料。

⑤ 拟定的招标文件。

⑥ 施工现场情况、地勘水文资料、工程特点及常规施工方案。

⑦ 其他相关资料。

2. 招标工程量清单编制的准备工作

招标工程量清单编制的相关工作在收集资料包括编制依据的基础上，需进行如下工作。

（1）初步研究　对各种资料进行认真研究，为工程量清单的编制做准备。主要包括以下几个方面。

① 熟悉《建设工程工程量清单计价规范》（GB 50500—2013）、专业工程计量规范、当地计价规定及相关文件；熟悉设计文件，掌握工程全貌，便于清单项目列项的完整、工程量的准确计算及清单项目的准确描述，对设计文件中出现的问题应及时提出。

② 熟悉招标文件、招标图纸，确定工程量清单编审的范围及需要设定的暂估价；收集相关市场价格信息，为暂估价的确定提供依据。

③ 对《建设工程工程量清单计价规范》（GB 50500—2013）缺项的新材料、新技术、新工艺，收集足够的基础资料，为补充项目的制定提供依据。

（2）现场踏勘　为了选用合理的施工组织设计和施工技术方案，需进行现场踏勘，以充分了解施工现场情况及工程特点，主要对以下两方面进行调查。

① 自然地理条件。工程所在地的地理位置、地形、地貌、用地范围等；气象、水文情况，包括气温、湿度、降雨量等；地质情况，包括地质构造及特征、承载能力等；地震、洪水及其他自然灾害情况。

② 施工条件。工程现场周围的道路、进出场条件、交通限制情况；工程现场施工临时设施、大型施工机具、材料堆放场地安排情况；工程现场邻近建筑物与招标工程的间距、结构形式、基础埋深、新旧程度、高度；市政给排水管线位置、管径、压力，废水、污水处理方式，市政、消防供水管道管径、压力、位置等；现场供电方式、方位、距离、电压等；工程现场通信线路的连接和铺设；当地政府有关部门对施工现场管理的一般要求、特殊要求及规定等。

(3) 拟定常规施工组织设计　施工组织设计是指导拟建工程项目的施工准备和施工的技术经济文件。根据项目的具体情况编制施工组织设计，拟定工程的施工方案、施工顺序、施工方法等，便于工程量清单的编制及准确计算，特别是工程量清单中的措施项目。施工组织设计编制的主要依据：招标文件中的相关要求，设计文件中的图纸及相关说明，现场踏勘资料，有关定额，现行有关技术标准、施工规范或规则等。作为招标人，仅需拟定常规的施工组织设计即可。

在拟定常规的施工组织设计时需注意以下问题。

① 估算整体工程量。根据概算指标或类似工程进行估算，且仅对主要项目加以估算即可，如土石方、混凝土等。

② 拟定施工总方案。施工总方案只需对重大问题和关键工艺作原则性的规定，不需考虑施工步骤，主要包括：施工方法，施工机械设备的选择，科学的施工组织，合理的施工进度，现场的平面布置及各种技术措施。制定总方案要满足以下原则：从实际出发，符合现场的实际情况，在切实可行的范围内尽量求其先进和快速；满足工期的要求；确保工程质量和施工安全；尽量降低施工成本，使方案更加经济合理。

③ 确定施工顺序。合理确定施工顺序需要考虑以下几点：各分部分项工程之间的关系；施工方法和施工机械的要求；当地的气候条件和水文要求；施工顺序对工期的影响。

④ 编制施工进度计划。施工进度计划要满足合同对工期的要求，在不增加资源的前提下尽量提前。编制施工进度计划时要处理好工程中各分部、分项、单位工程之间的关系，避免出现施工顺序的颠倒或工种相互冲突。

⑤ 计算人、材、机资源需要量。人工工日数量根据估算的工程量、选用的定额、拟定的施工总方案、施工方法及要求的工期来确定，并考虑节假日、气候等的影响。材料需要量主要根据估算的工程量和选用的材料消耗定额进行计算。机械台班数量则根据施工方案确定选择机械设备方案及机械种类的匹配要求，再根据估算的工程量和机械时间定额进行计算。

⑥ 施工平面的布置。施工平面布置是根据施工方案、施工进度要求，对施工现场的道路交通、材料仓库、临时设施等作出合理的规划布置，主要包括：建设项目施工总平面图上的一切地上、地下已有和拟建的建筑物、构筑物以及其他设施的位置和尺寸；所有为施工服务的临时设施的布置位置，如施工用地范围，施工用道路，材料仓库，取土与弃土位置，水源、电源位置，安全、消防设施位置；永久性测量放线标桩位置等。

（二）招标工程量清单的编制内容

1. 分部分项工程量清单编制

分部分项工程量清单所反映的是拟建工程分部分项工程项目名称和相应数量的明细清单，招标人负责包括项目编码、项目名称、项目特征描述、计量单位和工程量的计算在内的五项内容。

（1）项目编码　分部分项工程量清单的项目编码，应根据拟建工程的工程量清单项目名称设置，同一招标工程的项目编码不得有重码。

（2）项目名称　分部分项工程量清单的项目名称应按专业工程计量规范附录的项目名称结合拟建工程的实际确定。

在分部分项工程量清单中所列出的项目，应是在单位工程的施工过程中以其本身构成该单位工程实体的分项工程，但应注意以下几点。

① 当在拟建工程的施工图纸中有体现，并且在专业工程计量规范附录中也有相对应的项目时，则根据附录中的规定直接列项，计算工程量，确定其项目编码。

② 当在拟建工程的施工图纸中有体现，但在专业工程计量规范附录中没有相对应的项目，并且在附录项目的“项目特征”或“工程内容”中也没有提示时，则必须编制针对这些分项工程的补充项目，在清单中单独列项并在清单的编制说明中注明。

（3）项目特征描述　工程量清单的项目特征是确定一个清单项目综合单价不可缺少的重要依据，在编制工程量清单时，必须对项目特征进行准确和全面的描述。但有些项目特征用文字往往又难以准确和全面地描述。为达到规范、简洁、准确、全面描述项目特征的要求，在描述工程量清单项目特征时应按以下原则进行。

① 项目特征描述的内容应按附录中的规定，结合拟建工程的实际，满足确定综合单价的需要。

② 若采用标准图集或施工图纸能够全部或部分满足项目特征描述的要求，项目特征描述可直接采用详见××图集或××图号的方式。对不能满足项目特征描述要求的部分，仍应用文字描述。

（4）计量单位　分部分项工程量清单的计量单位与有效位数应遵守清单计价规范规定。当附录中有两个或两个以上计量单位的，应结合拟建工程项目的实际选择其中一个确定。

（5）工程量的计算　分部分项工程量清单中所列工程量应按专业工程计量规范规定的工程量计算规则计算。另外，对补充项的工程量计算规则必须符合下述原则：一是其计算规则要具有可计算性，二是计算结果要具有唯一性。

工程量的计算是一项繁杂而细致的工作，为了计算的快速准确并尽量避免漏算或重算，必须依据一定的计算原则及方法。

① 计算口径一致。根据施工图列出的工程量清单项目，必须与专业工程计量规范中相应清单项目的口径相一致。

② 按工程量计算规则计算。工程量计算规则是综合确定各项消耗指标的基本依据，也是具体工程测算和分析资料的基准。

③ 按图纸计算。工程量按每一分项工程，根据设计图纸进行计算，计算时采用的原始数据必须以施工图纸所表示的尺寸或施工图纸能读出的尺寸为准进行计算，不得任意增减。

④ 按一定顺序计算。计算分部分项工程量时，可以按照定额编目顺序或按照施工图专

业顺序依次进行计算。对于计算同一张图纸的分项工程量时，一般可采用以下几种顺序：按顺时针或逆时针顺序计算；按先横后纵顺序计算；按轴线编号顺序计算；按施工先后顺序计算；按定额分部分项顺序计算。

2. 措施项目清单编制

措施项目清单指为完成工程项目施工，发生于该工程施工准备和施工过程中的技术、生活、安全、环境保护等方面的项目清单，措施项目分单价措施项目和总价措施项目。

措施项目清单的编制需考虑多种因素，除工程本身的因素外，还涉及水文、气象、环境、安全等因素。措施项目清单应根据拟建工程的实际情况列项，若出现《建设工程工程量清单计价规范》(GB 50500—2013) 中未列的项目，可根据工程实际情况补充。项目清单的设置要考虑拟建工程的施工组织设计，施工技术方案，相关的施工规范与施工验收规范，招标文件中提出的某些必须通过一定的技术措施才能实现的要求，设计文件中一些不足以写进技术方案但是要通过一定的技术措施才能实现的内容。

一些可以精确计算工程量的措施项目可采用与分部分项工程量清单编制相同的方式，编制“分部分项工程和单价措施项目清单与计价表”，而有一些措施项目费用的发生与使用时间、施工方法或者两个以上的工序相关并大都与实际完成的实体工程量的大小关系不大，如安全文明施工、冬雨季施工、已完工程设备保护等，应编制“总价措施项目清单与计价表”。

3. 其他项目清单的编制

其他项目清单是应招标人的特殊要求而发生的与拟建工程有关的其他费用项目和相应数量的清单。工程建设标准的高低、工程的复杂程度、工程的工期长短、工程的组成内容、发包人对工程管理要求等都直接影响到其具体内容。当出现未包含在表格中的内容的项目时，可根据实际情况补充。

(1) 暂列金额　暂列金额是指招标人暂定并包括在合同中的一笔款项。用于工程合同签订时尚未确定或者不可预见的所需材料、工程设备、服务的采购，施工中可能发生的工程变更、合同约定调整因素出现时的合同价款调整以及发生的索赔、现场签证确认等的费用。此项费用由招标人填写其项目名称、计量单位、暂定金额等，若不能详列，也可只列暂定金额总额。由于暂列金额由招标人支配，实际发生后才得以支付，因此，在确定暂列金额时应根据施工图纸的深度、暂估价设定的水平、合同价款约定调整的因素以及工程实际情况合理确定。一般可按分部分项工程量清单的 10%～15%确定，不同专业预留的暂列金额应分别列项。

(2) 暂估价　暂估价是招标人在招标文件中提供的用于支付必然要发生但暂时不能确定价格的材料、工程设备的单价以及专业工程的金额。一般而言，为方便合同管理和计价，需要纳入分部分项工程量项目综合单价中的暂估价，应只是材料、工程设备暂估单价，以方便投标与组价。以“项”为计量单位给出的专业工程暂估价一般应是综合暂估价，即应当包括除规费、税金以外的管理费、利润等。

(3) 计日工　计日工是为了解决现场发生的零星工作或项目的计价而设立的。计日工为额外工作的计价提供一个方便快捷的途径。计日工对完成零星工作所消耗的人工工时、材料数量、机械台班进行计量，并按照计日工表中填报的适用项目的单价进行计价支付。编制计日工表格时，一定要给出暂定数量，并且需要根据经验，尽可能估算一个比较贴近实际的数量，且尽可能把项目列全，以消除因此而产生的争议。

（4）总承包服务费　总承包服务费是为了解决招标人在法律法规允许的条件下，进行专业工程发包以及自行采购供应材料、设备时，要求总承包人对发包的专业工程提供协调和配合服务，对供应的材料、设备提供收、发和保管服务以及对施工现场进行统一管理，对竣工资料进行统一汇总整理等发生并向总承包人支付的费用。招标人应当按照投标人的投标报价支付该项费用。

4. 规费税金项目清单的编制

规费税金项目清单应按照规定的内容列项，当出现规范中没有的项目，应根据省级政府或有关部门的规定列项。税金项目清单除规定的内容外，如国家税法发生变化或增加税种，应对税金项目清单进行补充。规费、税金的计算基础和费率均应按国家或地方相关部门的规定执行。

5. 工程量清单总说明的编制

工程量清单编制总说明包括以下内容。

（1）工程概况　工程概况中要对建设规模、工程特征、计划工期、施工现场实际情况、自然地理条件、环境保护要求等作出描述。其中建设规模是指建筑面积；工程特征应说明基础及结构类型、建筑层数、高度、门窗类型及各部位装饰、装修做法；计划工期是指按工期定额计算的施工天数；施工现场实际情况是指施工场地的地表状况；自然地理条件，是指建筑场地所处地理位置的气候及交通运输条件；环境保护要求，是针对施工噪声及材料运输可能对周围环境造成的影响和污染所提出的防护要求。

（2）工程招标及分包范围　招标范围是指单位工程的招标范围，如建筑工程招标范围为“全部建筑工程”，装饰装修工程招标范围为“全部装饰装修工程”，或招标范围不含桩基础、幕墙头、门窗等。工程分包是指特殊工程项目的分包，如招标人自行采购安装“铝合金门窗”等。

（3）工程量清单编制依据　包括建设工程工程量清单计价规范、设计文件、招标文件、施工现场情况、工程特点及常规施工方案等。

（4）工程质量、材料、施工等的特殊要求　工程质量的要求，是指招标人要求拟建工程的质量应达到合格或优良标准；对材料的要求，是指招标人根据工程的重要性、使用功能及装饰装修标准提出，诸如对水泥的品牌、钢材的生产厂家、花岗石的出产地、品牌等的要求；施工要求，一般是指建设项目中对单项工程的施工顺序等的要求。

（5）其他事项　其他需要说明的事项。

6. 招标工程量清单汇总

在分部分项工程量清单、措施项目清单、其他项目清单、规费和税金项目清单编制完成以后，经审查复核，与工程量清单封面及总说明汇总并装订，由相关责任人签字和盖章，形成完整的招标工程量清单文件。

（三）招标工程量清单编制示例

随招标文件发布供投标报价的工程量清单，通常用表格形式表示并加以说明。由于招标人所用工程量清单表格与投标人报价所用表格是同一表格，招标人发布的表格中，除暂列金额、暂估价列有“金额”外只是列出工程量，该工程量是根据计量规范的计算规则所得。招标工程量清单见表3-2。

表 3-2 分部分项工程和单价措施项目清单与计价表（招标工程量清单）

工程名称：××小区一期住宅工程　　标段：　　第×页　共×页

序号	项目编码	项目名称	项目特征描述	计量单位	工程量	金额/元		
						综合单价	合价	其中：暂估价
		…						
		0105 混凝土及钢筋混凝土工程						
6	010503001001	基础梁	C30 预拌混凝土，梁底标高－1.55m	m^3	208	(367.05)	(76346)	
7	010515001001	现浇构件钢筋	螺纹钢 Q235，Φ14	t	200	(4821.35)	(964270)	(800000)
		…						
		分部小计					(2496270)	(800000)
		…						
		0117 措施项目						
16	011701001001	综合脚手架	砖混、檐高 22m	m^2	10940	(20.85)	(228099)	
		…						
		分部小计					(829480)	
合计							(6709337)	(800000)

二、最高投标限价的编制

《中华人民共和国招标投标法实施条例》规定，招标人可以自行决定是否编制标底，一个招标项目只能有一个标底，标底必须保密。同时规定，招标人设有最高投标限价的，应当在招标文件中明确最高投标限价或者最高投标限价的计算方法，招标人不得规定最低投标限价。

（一）最高投标限价的编制规定与依据

最高投标限价是指根据国家或省级建设行政主管部门颁发的有关计价依据和办法，依据拟定的招标文件和招标工程量清单，结合工程具体情况发布的招标工程的最高投标限价。根据住房和城乡建设部颁布的《建筑工程施工发包与承包计价管理办法》（住房和城乡建设部令第 16 号）的规定，国有资金投资的建筑工程招标的，应当设有最高投标限价；非国有资金投资的建筑工程招标的，可以设有最高投标限价或者招标标底。

1. 最高投标限价与标底的关系

最高投标限价是推行工程量清单计价过程中对传统标底概念的性质进行界定后所设置的专业术语，它使招标时评标定价的管理方式发生了很大的变化。设标底招标、无标底招标以及最高投标限价招标的利弊分析如下。

（1）设标底招标

① 设标底时易发生泄露标底及暗箱操作的现象，失去招标的公平公正性，容易诱发违

法违规行为。

② 编制的标底价是预期价格，因较难考虑施工方案、技术措施对造价的影响，容易与市场造价水平脱节，不利于引导投标人理性竞争。

③ 标底在评标过程的特殊地位使标底价成为左右工程造价的杠杆，不合理的标底会使合理的投标报价在评标中显得不合理，有可能成为地方或行业保护的手段。

④ 将标底作为衡量投标人报价的基准，导致投标人尽力地去迎合标底，往往招标投标过程反映的不是投标人实力的竞争，而是投标人编制预算文件能力的竞争，或者各种合法或非法的“投标策略”的竞争。

(2) 无标底招标

① 容易出现围标串标现象，各投标人哄抬价格，给招标人带来投资失控的风险。

② 容易出现低价中标后偷工减料，以牺牲工程质量来降低工程成本，或产生先低价中标，后高额索赔等不良后果。

③ 评标时，招标人对投标人的报价没有参考依据和评判基准。

(3) 最高投标限价招标

① 采用最高投标限价招标的优点如下。

a. 可有效控制投资，防止恶性哄抬报价带来的投资风险。

b. 可提高透明度，避免暗箱操作与寻租等违法活动的产生。

c. 可使各投标人根据自身实力和施工方案自主报价，符合市场规律形成公平竞争。

② 采用最高投标限价招标也可能出现如下问题。

a. 若最高限价大大高于市场平均价时，就预示中标后利润很丰厚，只要投标不超过公布的限额都是有效投标，从而可能诱导投标人串标围标。

b. 若公布的最高限价远远低于市场平均价，就会影响招标效率。即可能出现只有 1～2 人投标或出现无人投标的情况，因为按此限额投标将无利可图，超出此限额投标又成为无效投标，导致招标失败或使招标人不得不进行二次招标。

2. 编制最高投标限价的规定

① 国有资金投资的工程建设项目应实行工程量清单招标，招标人应编制最高投标限价，并应当拒绝高于最高投标限价的投标报价，即投标人的投标报价若超过公布的最高投标限价，则其投标应被否决。

② 最高投标限价应由具有编制能力的招标人或受其委托、具有相应资质的工程造价咨询人编制。工程造价咨询人不得同时接受招标人和投标人对同一工程的最高投标限价和投标报价的编制。

③ 最高投标限价应在招标文件中公布，对所编制的最高投标限价不得进行上浮或下调。在公布最高投标限价时，除公布最高投标限价的总价外，还应公布各单位工程的分部分项工程费、措施项目费、其他项目费、规费和税金。

④ 最高投标限价超过批准的概算时，招标人应将其报原概算审批部门审核。这是由于我国对国有资金投资项目的投资控制实行的是设计概算审批制度，国有资金投资的工程原则上不能超过批准的设计概算。

⑤ 投标人经复核认为招标人公布的最高投标限价未按照《建设工程工程量清单计价规范》(GB 50500—2013) 的规定进行编制的，应在最高投标限价公布后 5 天内向招标投标监督机构和工程造价管理机构投诉。工程造价管理机构受理投诉后，应立即对最高投标限价进

行复查，组织投诉人、被投诉人或其委托的最高投标限价编制人等单位人员对投诉问题逐一核对。工程造价管理机构应当在受理投诉的10天内完成复查，特殊情况下可适当延长，并作出书面结论通知投诉人、被投诉人及负责该工程招投标监督的招投标管理机构。当最高投标限价复查结论与原公布的最高投标限价误差大于±3%时，应责成招标人改正。当重新公布最高投标限价时，若重新公布之日起至原投标截止期不足15天的应延长投标截止期。

⑥ 招标人应将最高投标限价及有关资料报送工程所在地工程造价管理机构备查。

3. 最高投标限价的编制依据

最高投标限价的编制依据是指在编制最高投标限价时需要进行工程量计量、价格确认、工程计价的有关参数、率值的确定等工作时所需的基础性资料，主要包括以下几个方面。

① 现行国家标准《建设工程工程量清单计价规范》(GB 50500—2013) 与专业工程计量规范。

② 国家或省级、行业建设主管部门颁发的计价定额和计价办法。

③ 建设工程设计文件及相关资料。

④ 拟定的招标文件及招标工程量清单。

⑤ 与建设项目相关的标准、规范、技术资料。

⑥ 施工现场情况、工程特点及常规施工方案。

⑦ 工程造价管理机构发布的工程造价信息，但工程造价信息没有发布的，参照市场价。

⑧ 其他的相关资料。

(二) 最高投标限价的编制内容

最高投标限价的编制内容包括分部分项工程费、措施项目费、其他项目费、规费和税金，各个部分有不同的计价要求。

1. 分部分项工程费的编制要求

① 分部分项工程费应根据招标文件中的分部分项工程量清单及有关要求，按《建设工程工程量清单计价规范》有关规定确定综合单价计价。

② 工程量依据招标文件中提供的分部分项工程量清单确定。

③ 招标文件提供了暂估单价的材料，应按暂估的单价计入综合单价。

④ 为使最高投标限价与投标报价所包含的内容一致，综合单价中应包括招标文件中要求投标人所承担的风险内容及其范围（幅度）产生的风险费用。

2. 措施项目费的编制要求

① 措施项目费中的安全文明施工费应当按照国家或省级、行业建设主管部门的规定标准计价，该部分不得作为竞争性费用。

② 措施项目应按招标文件中提供的措施项目清单确定，措施项目分为以“量”计算和以“项”计算两种。对于可精确计量的措施项目，以“量”计算即按其工程量用与分部分项工程工程量清单单价相同的方式确定综合单价；对于不可精确计量的措施项目，则以“项”为单位，采用费率法按有关规定综合取定，采用费率法时需确定某项费用的计费基数及其费率，结果应是包括除规费、税金以外的全部费用。计算公式为：

$$\text{以“项”计算的措施项目清单费}=\text{措施项目计费基数}\times\text{费率} \tag{3-1}$$

3. 其他项目费的编制要求

（1）暂列金额　暂列金额由招标人根据工程特点、工期长短，按有关计价规定进行估算，一般可以分部分项工程费的10%～15%为参考。

（2）暂估价　暂估价中的材料单价应按照工程造价管理机构发布的工程造价信息中的材料单价计算，工程造价信息未发布单价的材料，其单价参考市场价格估算；暂估价中的专业工程暂估价应分不同专业，按有关计价规定估算。

（3）计日工　在编制最高投标限价时，对计日工中的人工单价和施工机械台班单价应按省级、行业建设主管部门或其授权的工程造价管理机构公布的单价计算；材料应按工程造价管理机构发布的工程造价信息中的材料单价计算，工程造价信息未发布单价的材料，其价格应按市场调查确定的单价计算。

（4）总承包服务费　总承包服务费应按照省级或行业建设主管部门的规定计算，在计算时可参考以下标准。

① 招标人仅要求对分包的专业工程进行总承包管理和协调时，按分包的专业工程估算造价的1.5%计算。

② 招标人要求对分包的专业工程进行总承包管理和协调，并同时要求提供配合服务时，根据招标文件中列出的配合服务内容和提出的要求，按分包的专业工程估算造价的3%～5%计算。

③ 招标人自行供应材料的，按招标人供应材料价值的1%计算。

4. 规费和税金的编制要求

规费和税金必须按国家或省级、行业建设主管部门的规定计算。其中：

$$税金=(分部分项工程费+措施项目费+其他项目费+规费)\times综合税率 \tag{3-2}$$

（三）最高投标限价的计价与组价

1. 最高投标限价计价程序

建设工程的最高投标限价反映的是单位工程费用，各单位工程费用是由分部分项工程费、措施项目费、其他项目费、规费和税金组成。单位工程最高投标限价计价程序见表3-3。

由于投标人（施工企业）投标报价计价程序与招标人（建设单位）最高投标限价计价程序具有相同的表格，为便于对比分析，此处将两种表格合并列出，其中表格栏目中斜线后带括号的内容用于投标报价，其余为通用栏目。

表3-3　建设单位工程最高投标限价计价程序/（施工企业投标报价计价程序）表

工程名称：　　　　　　　　标段：　　　　　　　　第　　页共　　页

序号	汇总内容	计算方法	金额/元
1	分部分项工程	按计价规定计算/（自主报价）	
1.1			
1.2			
2	措施项目	按计价规定计算/（自主报价）	
2.1	其中：安全文明施工费	按规定标准估算/（按规定标准计算）	
3	其他项目		

续表

序号	汇总内容	计算方法	金额/元
3.1	其中：暂列金额	按计价规定估算 /(按招标文件提供金额计列)	
3.2	其中：专业工程暂估价	按计价规定估算 /(按招标文件提供金额计列)	
3.3	其中：计日工	按计价规定估算/(自主报价)	
3.4	其中：总承包服务费	按计价规定估算/(自主报价)	
4	规费	按规定标准计算	
5	税金(扣除不列入计税范围的工程设备金额)	(人工费＋材料费＋施工机具使用费＋企业管理费＋利润＋规费)×增值税税率	
最高投标限价/(投标报价) 合计＝1＋2＋3＋4＋5			

注：本表适用于单位工程最高投标限价计算或投标报价计算，如无单位工程划分，单项工程也使用本表。

2. 综合单价的组价

最高投标限价的分部分项工程费应由各单位工程的招标工程量清单乘以其相应综合单价汇总而成。综合单价的组价，首先，依据提供的工程量清单和施工图纸，按照工程所在地区颁发的计价定额的规定，确定所组价的定额项目名称，并计算出相应的工程量；其次，依据工程造价政策规定或工程造价信息确定其人工、材料、机械台班单价；同时，在考虑风险因素确定管理费率和利润率的基础上，按规定程序计算出所组价定额项目的合价，见式(3-3)，然后将若干项所组价的定额项目合价相加除以工程量清单项目工程量，便得到工程量清单项目综合单价，见式(3-4)，对于未计价材料费（包括暂估单价的材料费）应计入综合单价。

$$\begin{aligned}\text{定额项目合价}=&\text{定额项目工程量}\times[\sum(\text{定额人工消耗量}\times\text{人工单价})\\&+\sum(\text{定额材料消耗量}\times\text{材料单价})+\sum(\text{定额机械台班消耗量}\times\text{机械台班单价})\\&+\text{价差(基价或人工、材料、机械费用)}+\text{管理费和利润}]\end{aligned}\tag{3-3}$$

$$\text{工程量清单综合单价}=\frac{\sum\text{定额项目合价}+\text{未计价材料}}{\text{工程量清单项目工程量}}\tag{3-4}$$

3. 确定综合单价应考虑的因素

编制最高投标限价在确定其综合单价时，应考虑一定范围内的风险因素。在招标文件中应通过预留一定的风险费用，或明确说明风险所包括的范围及超出该范围的价格调整方法。对于招标文件中未做要求的可按以下原则确定。

① 对于技术难度较大和管理复杂的项目，可考虑一定的风险费用，并纳入到综合单价中。

② 对于工程设备、材料价格的市场风险，应依据招标文件的规定、工程所在地或行业工程造价管理机构的有关规定，以及市场价格趋势，考虑一定率值的风险费用，纳入到综合单价中。

③ 税金、规费等法律、法规、规章和政策变化的风险和人工单价等风险费用不应纳入综合单价。

招标工程发布的分部分项工程量清单对应的综合单价，应按照招标人发布的分部分项工程量清单的项目名称、工程量、项目特征描述，依据工程所在地区颁发的计价定额和人工、材料、机械台班价格信息等进行组价确定，并应编制工程量清单综合单价分析表。

（四）编制最高投标限价时应注意的问题

① 采用的材料价格应是工程造价管理机构通过工程造价信息发布的材料价格，工程造价信息未发布材料单价的材料，其材料价格应通过市场调查确定。另外，未采用工程造价管理机构发布的工程造价信息时，需在招标文件或答疑补充文件中对最高投标限价采用的与造价信息不一致的市场价格予以说明，采用的市场价格则应通过调查、分析确定，有可靠的信息来源。

② 施工机械设备的选型直接关系到综合单价水平，应根据工程项目特点和施工条件，本着经济实用、先进高效的原则确定。

③ 应该正确、全面地使用行业和地方的计价定额与相关文件。

④ 不可竞争的措施项目和规费、税金等费用的计算均属于强制性的条款，编制最高投标限价时应按国家有关规定计算。

⑤ 不同工程项目、不同施工单位会有不同的施工组织方法，所发生的措施费也会有所不同，因此，对于竞争性的措施费用的确定，招标人应首先编制常规的施工组织设计或施工方案，然后依据经专家论证确认后再进行合理确定措施项目与费用。

复习题

1. 什么是公开招标和邀请招标？它们的优缺点有哪些？
2. 必须招标的工程项目范围有哪些？
3. 标段划分需要考虑的因素是什么？
4. 招标必须具备哪些基本条件？
5. 对于资格预审公告和招标公告的澄清或修改，有哪些时限方面的规定？
6. 资格审查办法有哪些？这些方法审查的内容有何不同？
7. 招标工程量清单编制依据有哪些？
8. 采用最高投标限价招标的优缺点有哪些？
9. 编制最高投标限价时应该注意哪些问题？

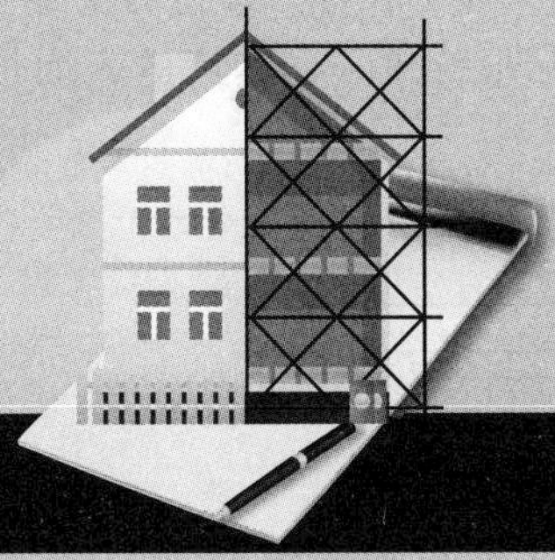

第四章 工程施工项目投标

投标是一个招标投标的专业术语，是指投标人应招标人的邀请，根据招标公告或投标邀请书所规定的条件，在规定的期限内，向招标人递交的行为。

投标人是响应招标、参加投标竞争的法人或者其他组织。根据规定，投标人应当具备承担招标项目的能力；国家有关规定对投标人资格条件或者招标文件对投标人资格条件有规定的，投标人应当具备规定的资格条件。

《中华人民共和国招标投标法实施条例》规定，与招标人存在利害关系可能影响招标公正性的法人、其他组织或者个人，不得参加投标。单位负责人为同一个或者存在控股、管理关系的不同单位，不得参加同一标段投标或者未划分标段的同一招标项目投标。投标人违反该规定的，相关投标无效。

投标人参加依法必须进行招标的项目的投标，不受地区或者部门的限制，任何单位和个人不得非法干涉。投标的程序如图 4-1 所示。由于投标准备阶段工作内容与招标有重复，本章重点介绍与报价相关的投标流程和方法。

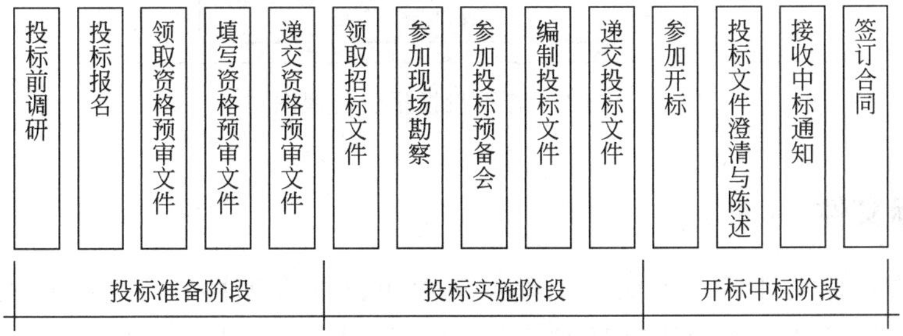

图 4-1　施工投标的流程划分

第一节　投标前期工作

一、施工投标报价流程确定

任何一个施工项目的投标报价都是一项复杂的系统工程，需要周密思考，统筹安排。在取得招标信息后，投标人首先要决定是否参加投标，如果参加投标，即进行前期工作：准备资料，申请并参加资格预审；获取招标文件；组建投标报价班子；然后进入询价与编制阶段，整个投标过程需遵循一定的程序（图 4-2）进行。

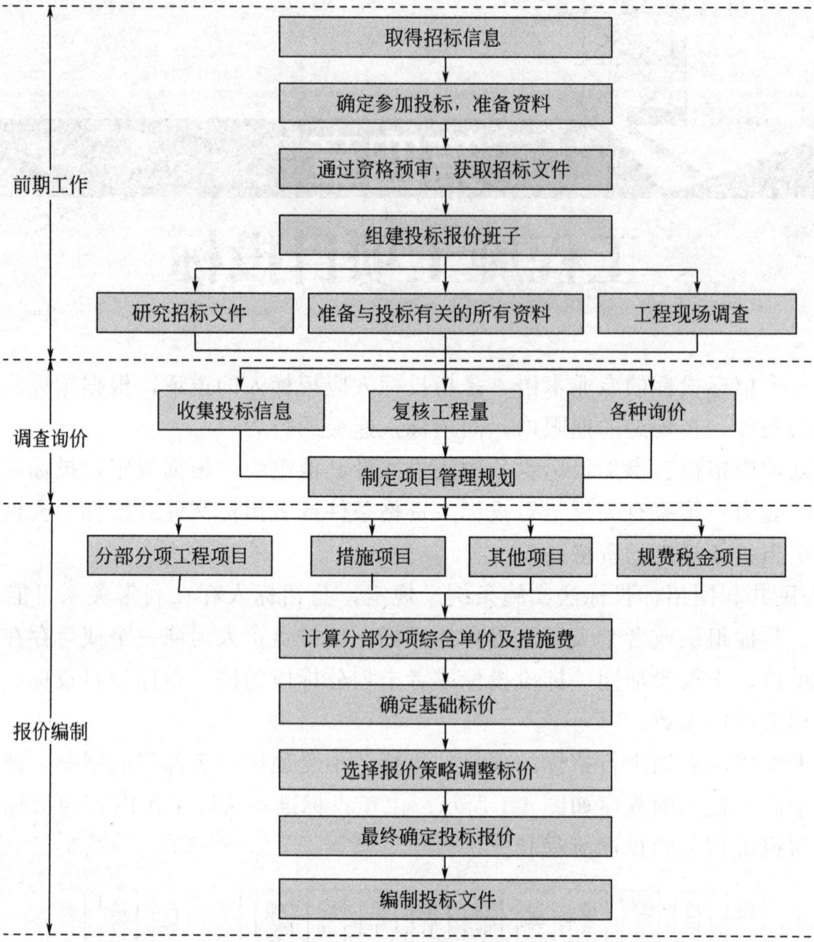

图 4-2　施工投标报价流程图

二、研究招标文件

投标人取得招标文件后，为保证工程量清单报价的合理性，应对投标人须知、合同条件、技术规范、图纸和工程量清单等重点内容进行分析，深刻而正确地理解招标文件和业主的意图。

1. 投标人须知

它反映了招标人对投标的要求，特别要注意项目的资金来源、投标书的编制和递交、投标保证金、更改或备选方案、评标方法等，重点在于防止投标被否决。

2. 合同分析

（1）合同背景分析　投标人有必要了解与自己承包的工程内容有关的合同背景，了解监理方式，了解合同的法律依据，为报价和合同实施及索赔提供依据。

（2）合同形式分析　主要分析承包方式（如分项承包、施工承包、设计与施工总承包和管理承包等)；计价方式（如固定合同价格、可调合同价格和成本加酬金确定的合同价格等)。

(3) 合同条款分析　主要包括以下几个方面。

① 承包商的任务、工作范围和责任。

② 工程变更及相应的合同价款调整。

③ 付款方式、时间。应注意合同条款中关于工程预付款、材料预付款的规定。根据这些规定和预计的施工进度计划，计算出占用资金的数额和时间，从而计算出需要支付的利息数额并计入投标报价。

④ 施工工期。合同条款中关于合同工期、竣工日期、部分工程分期交付工期等规定，这是投标人制定施工进度计划的依据，也是报价的重要依据。要注意合同条款中有无工期奖罚的规定，尽可能做到在工期符合要求的前提下报价有竞争力，或在报价合理的前提下工期有竞争力。

⑤ 业主责任。投标人所制定的施工进度计划和作出的报价，都是以业主履行责任为前提的。所以应注意合同条款中关于业主责任措辞的严密性，以及关于索赔的有关规定。

(4) 技术标准和要求分析　工程技术标准是按工程类型来描述工程技术和工艺内容特点，对设备、材料、施工和安装方法等所规定的技术要求，有的是对工程质量进行检验、试验和验收所规定的方法和要求。它们与工程量清单中各子项工作密不可分，报价人员应在准确理解招标人要求的基础上对有关工程内容进行报价。任何忽视技术标准的报价都是不完整、不可靠的，有时可能导致工程承包重大失误和亏损。

(5) 图纸分析　图纸是确定工程范围、内容和技术要求的重要文件，也是投标者确定施工方法等施工计划的主要依据。

图纸的详细程度取决于招标人提供的施工图设计所达到的深度和所采用的合同形式。详细的设计图纸可使投标人比较准确地估价，而不够详细的图纸则需要估价人员采用综合估价方法，其结果一般不很精确。

三、调查工程现场

招标人在招标文件中一般会明确进行工程现场踏勘的时间和地点。投标人对一般区域调查重点注意以下几个方面。

(1) 自然条件调查　如气象资料，水文资料，地震、洪水及其他自然灾害情况，地质情况等。

(2) 施工条件调查　主要包括：工程现场的用地范围、地形、地貌、地物、高程，地上或地下障碍物，现场的三通一平情况；工程现场周围的道路、进出场条件、有无特殊交通限制；工程现场施工临时设施、大型施工机具、材料堆放场地安排的可能性，是否需要二次搬运；工程现场邻近建筑物与招标工程的间距、结构形式、基础埋深、新旧程度、高度；市政给水及污水、雨水排放管线位置、高程、管径、压力、废水、污水处理方式，市政、消防供水管道管径、压力、位置等；当地供电方式、方位、距离、电压等；当地煤气供应能力，管线位置、高程等；工程现场通信线路的连接和铺设；当地政府有关部门对施工现场管理的一般要求、特殊要求及规定，是否允许节假日和夜间施工等。

(3) 其他条件调查　主要包括各种构件、半成品及商品混凝土的供应能力和价格，以及现场附近的生活设施、治安情况等。

第二节 询价与工程量复核

一、询价

投标报价之前，投标人必须通过各种渠道，采用各种方式对工程所需各种材料、设备等的价格、质量、供应时间、供应数量等进行系统全面的调查，同时还要了解分包项目的分包形式、分包范围、分包人报价、分包人履约能力及信誉等。询价是投标报价的基础，它为投标报价提供可靠的依据。询价时要特别注意两个问题，一是产品质量必须可靠，并满足招标文件的有关规定；二是供货方式、时间、地点，有无附加条件和费用。

1. 询价的渠道

① 直接与生产厂商联系；

② 了解生产厂商的代理人或从事该项业务的经纪人；

③ 了解经营该项产品的销售商；

④ 向咨询公司进行询价，通过咨询公司所得到的询价资料比较可靠，但需要支付一定的咨询费用，也可向同行了解；

⑤ 通过互联网查询；

⑥ 自行进行市场调查或信函询价。

2. 生产要素询价

① 材料询价。材料询价的内容包括调查对比材料价格、供应数量、运输方式、保险和有效期、不同买卖条件下的支付方式等。询价人员在施工方案初步确定后，立即发出材料询价单，并催促材料供应商及时报价。收到询价单后，询价人员应将从各种渠道所询得的材料报价及其他有关资料汇总整理。对同种材料从不同经销部门所得到的所有资料进行比较分析，选择合适、可靠的材料供应商的报价，提供给工程报价人员使用。

② 施工机械设备询价。在外地施工需用的机械设备，有时在当地租赁或采购可能更为有利，因此，事前有必要进行施工机械设备的询价。必须采购的机械设备，可向供应厂商询价。对于租赁的机械设备，可向专门从事租赁业务的机构询价，并应详细了解其计价方法。

③ 劳务询价。劳务询价主要有两种情况：一种是成建制的劳务公司，相当于劳务分包，一般费用较高，但素质较可靠，工效较高，承包商的管理工作较轻；另一种是劳务市场招募零散劳动力，根据需要进行选择，这种方式虽然劳务价格低廉，但有时素质达不到要求或工效降低，且承包商的管理工作较繁重。投标人应在对劳务市场充分了解的基础上决定采用哪种方式，并以此为依据进行投标报价。

3. 分包询价

总承包商在确定了分包工作内容后，就将拟分包的专业工程施工图纸和技术说明送交预先选定的分包单位，请他们在约定的时间内报价，以便进行比较选择，最终选择合适的分包人。对分包人询价应注意以下几点：分包标函是否完整；分包工程单价所包含的内容；分包人的工程质量、信誉及可信赖程度；质量保证措施；分包报价。

二、复核工程量

工程量清单作为招标文件的组成部分，是由招标人提供的。工程量的大小是投标报价最直接的依据。复核工程量的准确程度，将影响承包商的经营行为：一是根据复核后的工程量与招标文件提供的工程量之间的差距，从而考虑相应的投标策略，决定报价尺度；二是根据工程量的大小采取合适的施工方法，选择适用、经济的施工机具设备，投入使用相应的劳动力数量等。

复核工程量，要与招标文件中所给的工程量进行对比，注意以下几方面。

① 投标人应认真根据招标说明、图纸、地质资料等招标文件资料，计算主要清单工程量，复核工程量清单。其中特别注意，按一定顺序进行，避免漏算或重算；正确划分分部分项工程项目，与“清单计价规范”保持一致。

② 复核工程量的目的不是修改工程量清单，即使有误，投标人也不能修改招标工程量清单中的工程量，因为修改了清单将导致在评标时认为投标文件未响应招标文件而被否决。

③ 针对招标工程量清单中工程量的遗漏或错误，是否向招标人提出修改意见取决于投标策略。投标人可以向招标人提出，由招标人统一修改并把修改情况通知所有投标人；也可以运用一些报价的技巧提高报价的质量，争取在中标后能获得更大的收益。

④ 通过工程量计算复核还能准确地确定订货及采购物资的数量，防止由于超量或少购等带来的浪费、积压或停工待料。

在核算完全部工程量清单中的细目后，投标人应按大项分类汇总主要工程总量，以便获得对整个工程施工规模的整体概念，并据此研究采用合适的施工方法，选择适用的施工设备等。

三、制定项目管理规划

项目管理规划是工程投标报价的重要依据，项目管理规划应分为项目管理规划大纲和项目管理实施规划。根据《建设工程项目管理规范》(GB/T 50326—2017) 当承包商以编制施工组织设计代替项目管理规划时，施工组织设计应满足项目管理规划的要求。

① 项目管理规划大纲。项目管理规划大纲是投标人管理层在投标之前编制的，旨在作为投标依据、满足招标文件要求及签订合同要求的文件。可包括下列内容（根据需要选定）：项目概况；项目范围管理；项目管理目标；项目管理组织；项目采购与投标管理；项目进度管理；项目质量管理；项目成本管理；项目安全生产管理；绿色建造与环境管理；项目资源管理；项目信息管理；项目沟通与相关。

② 项目管理实施规划。项目管理实施规划是指在开工之前由项目经理主持编制的，旨在指导施工项目实施阶段管理的文件。项目管理实施规划必须由项目经理组织项目经理部在工程开工之前编制完成。应包括下列内容：项目概况；项目总体工作安排；组织方案；设计与技术措施；进度计划；质量计划；成本计划；安全生产计划；绿色建造与环境管理计划；资源需求与来购计划；信息管理计划；沟通管理计划；风险管理计划；项目收尾计划；项目现场平面布置图；项目目标控制计划；技术经济指标。

第三节　投标文件的编制与递交

一、投标文件的编制

（一）投标文件编制的内容

投标人应当按照招标文件的要求编制投标文件。投标文件应当对招标文件提出的实质性要求和条件作出响应。投标文件应当包括下列内容：

① 投标函及投标函附录；

② 法定代表人身份证明或附有法定代表人身份证明的授权委托书；

③ 联合体协议书（如工程允许采用联合体投标）；

④ 投标保证金；

⑤ 已标价工程量清单；

⑥ 施工组织设计；

⑦ 项目管理机构；

⑧ 拟分包项目情况表；

⑨ 资格审查资料；

⑩ 规定的其他材料。

（二）投标文件编制时应遵循的规定

① 投标文件应按“投标文件格式”进行编写，如有必要，可以增加附页，作为投标文件的组成部分。其中，投标函附录在满足招标文件实质性要求的基础上，可以提出比招标文件要求更能吸引招标人的承诺。

② 投标文件应当对招标文件有关工期、投标有效期、质量要求、技术标准和要求、招标范围等实质性内容作出响应。

③ 投标文件应由投标人的法定代表人或其委托代理人签字和盖单位章。委托代理人签字的，投标文件应附法定代表人签署的授权委托书。投标文件应尽量避免涂改、行间插字或删除。如果出现上述情况，改动之处应加盖单位章或由投标人的法定代表人或其授权的代理人签字确认。

④ 投标文件正本一份，副本份数按招标文件有关规定。正本和副本的封面上应清楚地标记“正本”或“副本”的字样。投标文件的正本与副本应分别装订成册，并编制目录。当副本和正本不一致时，以正本为准。

⑤ 除招标文件另有规定外，投标人不得递交备选投标方案。允许投标人递交备选投标方案的，只有中标人所递交的备选投标方案方可予以考虑。评标委员会认为中标人的备选投标方案优于其按照招标文件要求编制的投标方案的，招标人可以接受该备选投标方案。

（三）投标报价的编制

投标报价的编制过程，应首先根据招标人提供的工程量清单编制分部分项工程和措施项目计价表、其他项目计价表、规费税金项目计价表，计算完毕之后，汇总得到单位工程投标报价汇总表，再层层汇总，分别得出单项工程投标报价汇总表和工程项目投标总价汇总表，投标总价的组成如图 4-3 所示。在编制过程中，投标人应按招标人提供的工程量清单填报价格。填写的项目编码、项目名称、项目特征、计量单位、工程量必须与招标人提供的一致。

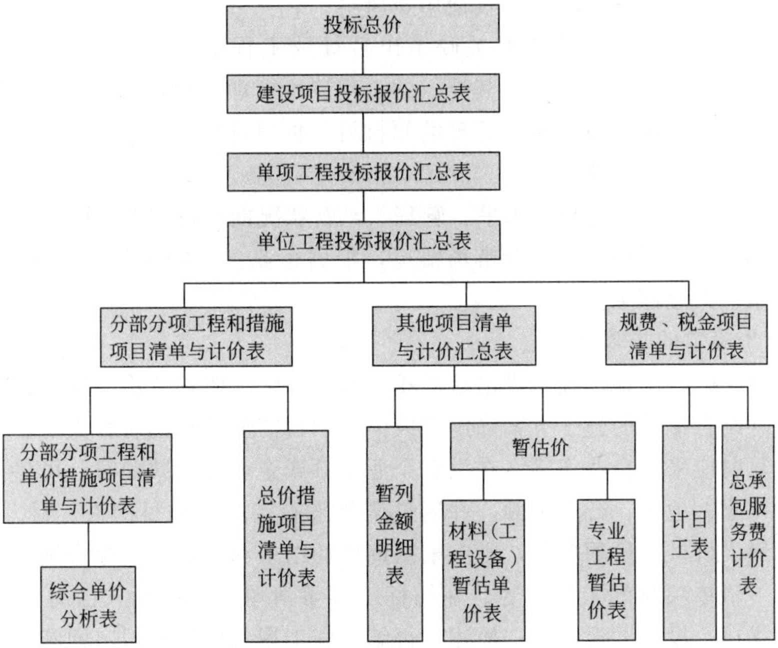

图 4-3　建设项目施工投标总价组成

1. 分部分项工程和措施项目清单与计价表的编制

（1）分部分项工程和单价措施项目清单与计价表的编制　承包人投标价中的分部分项工程费和以单价计算的措施项目费应按招标文件中分部分项工程和单价措施项目清单与计价表的特征描述确定综合单价计算。因此确定综合单价是分部分项工程和单价措施项目清单与计价表编制过程中最主要的内容。综合单价包括完成一个规定清单项目所需的人工费、材料和工程设备费、施工机具使用费、企业管理费、利润，并考虑风险费用的分摊。

综合单价＝人工费＋材料和工程设备费＋施工机具使用费＋企业管理费＋利润 （4-1）

① 确定综合单价时的注意事项。

a. 以项目特征描述为依据。项目特征是确定综合单价的重要依据之一，投标人投标报价时应依据招标文件中清单项目的特征描述确定综合单价。在招标投标过程中，当出现招标工程量清单特征描述与设计图纸不符时，投标人应以招标工程量清单的项目特征描述为准，确定投标报价的综合单价。当施工中施工图纸或设计变更与招标工程量清单项目特征描述不一致时，发承包双方应按实际施工的项目特征，依据合同约定重新确定综合单价。

b. 材料、工程设备暂估价的处理。招标文件中在其他项目清单中提供了暂估单价的材料和工程设备，应按其暂估的单价计入清单项目的综合单价中。

c. 考虑合理的风险。招标文件中要求投标人承担的风险费用，投标人应考虑进入综合单价。在施工过程中，当出现的风险内容及其范围（幅度）在招标文件规定的范围（幅度）内时，综合单价不得变动，合同价款不作调整。根据国际惯例并结合我国工程建设的特点，发承包双方对工程施工阶段的风险宜采用如下分摊原则。

(a) 对于主要由市场价格波动导致的价格风险，如工程造价中的建筑材料、燃料等价格风险，发承包双方应当在招标文件中或在合同中对此类风险的范围和幅度予以明确约定，进行合理分摊。根据工程特点和工期要求，一般采取的方式是承包人承担5%以内的材料、工程设备价格风险，10%以内的施工机具使用费风险。

(b) 对于法律、法规、规章或有关政策出台导致工程税金、规费、人工费发生变化，并由省级、行业建设行政主管部门或其授权的工程造价管理机构根据上述变化发布的政策性调整，以及由政府定价或政府指导价管理的原材料等价格进行了调整，承包人不应承担此类风险，应按照有关调整规定执行。

(c) 对于承包人根据自身技术水平、管理、经营状况能够自主控制的风险，如承包人的管理费、利润的风险，承包人应结合市场情况，根据企业自身的实际合理确定、自主报价，该部分风险由承包人全部承担。

② 综合单价确定的步骤和方法。

a. 确定计算基础。计算基础主要包括消耗量指标和生产要素单价。应根据本企业的实际消耗量水平，并结合拟定的施工方案确定完成清单项目需要消耗的各种人工、材料、机械台班的数量。计算时应采用企业定额，在没有企业定额或企业定额缺项时，可参照与本企业实际水平相近的国家、地区、行业定额，并通过调整来确定清单项目的人、材、机单位用量。各种人工、材料、机械台班的单价，则应根据询价的结果和市场行情综合确定。

b. 分析每一清单项目的工程内容。在招标工程量清单中，招标人已对项目特征进行了准确、详细的描述，投标人根据这一描述，再结合施工现场情况和拟定的施工方案确定完成各清单项目实际应发生的工程内容。必要时可参照《建设工程工程量清单计价规范》(GB 50500—2013) 中提供的工程内容，有些特殊的工程也可能出现规范列表之外的工程内容。

c. 计算工程内容的工程数量与清单单位的含量。每一项工程内容都应根据所选定额的工程量计算规则计算其工程数量，当定额的工程量计算规则与清单的工程量计算规则相一致时，可直接以工程量清单中的工程量作为工程内容的工程数量。

当采用清单单位含量计算人工费、材料费、施工机具使用费时，还需要计算每一计量单位的清单项目所分摊的工程内容的工程数量，即清单单位含量。

$$\text{清单单位含量}=\frac{\text{某工程内容的定额工程量}}{\text{清单工程量}} \tag{4-2}$$

d. 分部分项工程人工、材料、机械费用的计算。以完成每一计量单位的清单项目所需的人工、材料、机械用量为基础计算，即：

$$\begin{matrix}\text{每一计量单位清单项目}\\\text{某种资源的使用量}\end{matrix}=\begin{matrix}\text{该种资源的}\\\text{定额单位用量}\end{matrix}\times\begin{matrix}\text{相应定额条目的}\\\text{清单单位含量}\end{matrix} \tag{4-3}$$

再根据预先确定的各种生产要素的单位价格可计算出每一计量单位清单项目的分部分项工程的人工费、材料费与施工机具使用费。

$$\text{人工费}=\begin{matrix}\text{完成单位清单项目}\\\text{所需人工的工日数量}\end{matrix}\times\text{人工工日单价} \tag{4-4}$$

$$\text{材料费}=\sum\begin{matrix}\text{完成单位清单项目所需}\\\text{各种材料、半成品的数量}\end{matrix}\times\text{各种材料、半成品单价}+\text{工程设备费} \tag{4-5}$$

$$施工机具使用费=\sum\begin{matrix}完成单位清单项目所需\\各种机械的台班数量\end{matrix}\times各种机械的台班单价+\sum\begin{matrix}完成单位清单项目所需\\各种仪器仪表的台班数量\end{matrix}\times各种仪器仪表的台班单价 \tag{4-6}$$

当招标人提供的其他项目清单中列示了材料暂估价时，应根据招标人提供的价格计算材料费，并在分部分项项目清单与计价表中表现出来。

e. 计算综合单价。企业管理费和利润的计算可按照人工费、材料费、施工机具使用费之和按照一定的费率取费计算。

$$企业管理费=(人工费+施工机具使用费)\times企业管理费费率 \tag{4-7}$$

$$利润=(人工费+施工机具使用费)\times利润率 \tag{4-8}$$

将上述五项费用汇总，并考虑合理的风险费用后，即可得到清单综合单价。根据计算出的综合单价，可编制分部分项工程和单价措施项目清单与计价表，如表 4-1 所示。

表 4-1 分部分项工程和单价措施项目清单与计价表（投标报价）

工程名称：××小区一期住宅工程　　标段：　　第×页　共×页

序号	项目编码	项目名称	项目特征描述	计量单位	工程量	金额/元		
						综合单价	合价	其中:暂估价
			…					
		0105 混凝土及钢筋混凝土工程						
6	010503001001	基础梁	C30 预拌混凝土,梁底标高－1.55m	m^3	208	356.14	74077	
7	010515001001	现浇构件钢筋	螺纹钢 Q235,Φ14	t	200	4787.16	957432	800000
		…						
		分部小计					2432419	80000
		…						
		0117 措施项目						
16	011701001001	综合脚手架	砖混、檐高 22m	m^2	10940	19.80	216612	
		…						
		分部小计					738257	
合计							6318410	800000

③ 工程量清单综合单价分析表的编制。为表明综合单价的合理性，投标人应对其进行单价分析，以作为评标时的判断依据。综合单价分析表的编制应反映上述综合单价的编制过程，并按照规定的格式进行，如表 4-2 所示。

表 4-2　工程量清单综合单价分析表

工程名称：××小区一期住宅工程　　　标段：　　　　　　　　　　　　第×页　共×页

<table>
<tr><td colspan="2">项目编码</td><td colspan="2">010515001001</td><td colspan="2">项目名称</td><td colspan="2">现浇构件钢筋</td><td>计量单位</td><td>t</td><td>工程量</td><td>200</td></tr>
<tr><td colspan="12">清单综合单价组成明细</td></tr>
<tr><td rowspan="2">定额编号</td><td rowspan="2">定额名称</td><td rowspan="2">定额单位</td><td rowspan="2">数量</td><td colspan="4">单价/元</td><td colspan="4">合价/元</td></tr>
<tr><td>人工费</td><td>材料费</td><td>机械费</td><td>管理费和利润</td><td>人工费</td><td>材料费</td><td>机械费</td><td>管理费和利润</td></tr>
<tr><td>AD0899</td><td>现浇构件钢筋制安</td><td>t</td><td>1.07</td><td>275.47</td><td>4044.58</td><td>58.34</td><td>95.60</td><td>294.75</td><td>4327.70</td><td>62.42</td><td>102.29</td></tr>
<tr><td colspan="4">人工单价</td><td colspan="4">小计</td><td>294.75</td><td>4327.70</td><td>62.42</td><td>102.29</td></tr>
<tr><td colspan="4">80 元/工日</td><td colspan="4">未计价材料费</td><td colspan="4"></td></tr>
<tr><td colspan="8">清单项目综合单价/元</td><td colspan="4">4787.16</td></tr>
<tr><td rowspan="5">材料费明细</td><td colspan="3">主要材料名称、规格、型号</td><td colspan="2">单位</td><td colspan="2">数量</td><td>单价/元</td><td>合价/元</td><td>暂估单价/元</td><td>暂估合价/元</td></tr>
<tr><td colspan="3">螺纹钢 Q235，Φ14</td><td colspan="2">t</td><td colspan="2">1.07</td><td></td><td></td><td>4000.00</td><td>4280.00</td></tr>
<tr><td colspan="3">焊条</td><td colspan="2">kg</td><td colspan="2">8.64</td><td>4.00</td><td>34.56</td><td></td><td></td></tr>
<tr><td colspan="7">其他材料费</td><td>—</td><td>13.14</td><td>—</td><td></td></tr>
<tr><td colspan="7">材料费小计</td><td>—</td><td>47.70</td><td>—</td><td>4280.00</td></tr>
</table>

（2）总价措施项目清单与计价表的编制　对于不能精确计量的措施项目，应编制总价措施项目清单与计价表。投标人对措施项目中的总价项目投标报价应遵循以下原则。

① 措施项目的内容应依据招标人提供的措施项目清单和投标人投标时拟定的施工组织设计或施工方案。

② 措施项目费由投标人自主确定，但其中安全文明施工费必须按照国家或省级、行业建设主管部门的规定计价，不得作为竞争性费用。招标人不得要求投标人对该项费用进行优惠，投标人也不得将该项费用参与市场竞争。

投标报价时总价措施项目清单与计价表的编制如表 4-3 所示。

表 4-3　总价措施项目清单与计价表

工程名称：××小区一期住宅工程　　　标段：　　　　　　　　　　　　第×页　共×页

序号	项目编码	项目名称	计算基础	费率/%	金额/元	调整费率/%	调整后金额/元	备注
1	011707001001	安全文明施工费	定额人工费	25	209650			
2	011707002001	夜间施工增加费	定额人工费	1.5	12579			
3	011707004001	二次搬运费	定额人工费	1	8386			
4	011707005001	冬雨季施工增加费	定额人工费	0.6	5032			
5	011707007001	已完工程及设备保护费			6000			
		…						
		合计			241647			

2. 其他项目清单与计价汇总表的编制

其他项目费主要包括暂列金额、暂估价、计日工以及总承包服务费，如表 4-4 所示。

表 4-4 其他项目清单与计价汇总表

工程名称：××小区一期住宅工程　　标段：　　第×页　共×页

序号	项目名称	金额/元	结算金额/元	备注
1	暂列金额	350000		明细详见表 4-5
2	暂估价	200000		
2.1	材料(工程设备)暂估价/结算价	—		明细详见表 4-6
2.2	专业工程暂估价/结算价	200000		明细详见表 4-7
3	计日工	26528		明细详见表 4-8
4	总承包服务费	20760		明细详见表 4-9
5				
合计				—

投标人对其他项目费投标报价时应遵循以下原则。

① 暂列金额应按照招标人提供的其他项目清单中列出的金额填写，不得变动，如表 4-5 所示。

表 4-5 暂列金额明细表

工程名称：××小区一期住宅工程　　标段：　　第×页　共×页

序号	项目名称	计量单位	暂定金额/元	备注
1	自行车棚工程	项	100000	
2	工程量偏差和设计变更	项	100000	
3	政策性调整和材料价格波动	项	100000	
4	其他	项	50000	
5				
合计			350000	—

② 暂估价不得变动和更改。暂估价中的材料、工程设备暂估价必须按照招标人提供的暂估单价计入清单项目的综合单价，如表 4-6 所示；专业工程暂估价必须按照招标人提供的其他项目清单中列出的金额填写，如表 4-7 所示。材料、工程设备暂估单价和专业工程暂估价均由招标人提供，为暂估价格，在工程实施过程中，对于不同类型的材料与专业工程采用不同的计价方法。

表 4-6 材料（工程设备）暂估单价表

工程名称：××小区一期住宅工程　　标段：　　第×页　共×页

序号	材料(工程设备)名称、规格、型号	计量单位	数量		暂估/元		确认/元		差额±/元		备注
			暂估	确认	单价	合价	单价	合价	单价	合价	
1	钢筋(规格见施工图)	t	200		4000		800000				用于现浇钢筋混凝土项目
2	低压开关柜(CGD190380/220V)	台	1		45000		45000				用于低压开关柜安装项目
合计							845000				

表 4-7 专业工程暂估价表

工程名称：××小区一期住宅工程　　标段：　　　　　　　　　　　　第×页 共×页

序号	工程名称	工程内容	暂估金额/元	结算金额/元	差额±/元	备注
1	消防工程	合同图纸中标明的以及消防工程规范和技术说明中规定的各系统中的设备、管道、阀门、线缆等的供应、安装和调试工作	200000			
合计			200000			

③ 计日工应按照招标人提供的其他项目清单列出的项目和估算的数量，自主确定各项综合单价并计算费用，如表 4-8 所示。

表 4-8 计日工表

工程名称：××小区一期住宅工程　　标段：　　　　　　　　　　　　第×页 共×页

编号	项目名称	单位	暂定数量	实际数量	综合单价/元	合价/元	
						暂定	实际
一	人工						
1	普工	工日	100		80	8000	
2	技工	工日	60		110	6600	
3							
人工小计						14600	
二	材料						
1	钢筋(规格见施工图)	t	1		4000	4000	
2	水泥 42.5	t	2		600	1200	
3	中砂	m^3	10		80	800	
4	砾石(5～40mm)	m^3	5		42	210	
5	页岩砖(240mm×115mm×53mm)	千匹	1		300	300	
材料小计						6510	
三	施工机械						
1	自升式塔吊起重机	台班	5		550	2750	
2	灰浆搅拌机(400L)	台班	2		20	40	
3							
施工机械小计						2790	
四、企业管理费和利润　按人工费 18%计						2628	
总计						26528	

④ 总承包服务费应根据招标人在招标文件中列出的分包专业工程内容和供应材料、设备情况，按照招标人提出的协调、配合与服务要求和施工现场管理需要自主确定，如表 4-9

所示。

表 4-9　总承包服务费计价表

工程名称：××小区一期住宅工程　　　标段：　　　　　　　　　　　　第×页　共×页

序号	项目名称	项目价值/元	服务内容	计算基础	费率/%	金额/元
1	发包人发包专业工程	200000	1.按专业工程承包人的要求提供施工工作面并对施工现场进行统一管理，对竣工资料进行统一整理汇总。 2.为专业工程承包人提供垂直运输机械和焊接电源接入点，并承担垂直运输费和电费	项目价值	7	14000
2	发包人提供材料	845000	对发包人供应的材料进行验收及保管和使用发放	项目价值	0.8	6760
	合计	—	—		—	20760

3. 规费、税金项目清单与计价表的编制

规费和税金应按国家或省级、行业建设主管部门的规定计算，不得作为竞争性费用。这是由于规费和税金的计取标准是依据有关法律、法规和政策规定制定的，具有强制性。因此，投标人在投标报价时必须按照国家或省级、行业建设主管部门的有关规定计算规费和税金。规费、税金项目清单与计价表的编制如表 4-10 所示。

表 4-10　规费、税金项目清单与计价表

工程名称：××小区一期住宅工程　　　标段：　　　　　　　　　　　　第×页　共×页

序号	项目名称	计算基础	计算基数	费率/%	金额/元
1	规费	定额人工费			239001
1.1	社会保险费	定额人工费			188685
(1)	养老保险费	定额人工费		14	117404
(2)	失业保险费	定额人工费		2	16772
(3)	医疗保险费	定额人工费		6	50316
(4)	工伤保险费	定额人工费		0.25	2096.5
(5)	生育保险费	定额人工费		0.25	2096.5
1.2	住房公积金	定额人工费		6	50316
1.3	工程排污费	按工程所在地环境保护部门收取标准、按实计入			
2	税金	人工费＋材料费＋施工机具使用费＋企业管理费＋利润＋规费		9	710330
		合计			949331

4. 投标价的汇总

投标人的投标总价应当与组成工程量清单的分部分项工程费、措施项目费、其他项目费和规费、税金的合计金额相一致，即投标人在进行工程量清单招标的投标报价时，不能进行投标总价优惠（或降价、让利），投标人对投标报价的任何优惠（或降价、让利）均应反映

在相应清单项目的综合单价中。

施工企业某单位工程投标报价汇总表如表 4-11 所示。

表 4-11 单位工程投标报价汇总表

工程名称：××小区一期住宅工程　　标段：　　第×页 共×页

序号	汇总内容	金额/元	其中：暂估价/元
1	分部分项工程	6318410	845000
…			
0105	混凝土及钢筋混凝土工程	2432419	800000
…			
2	措施项目	738257	
2.1	其中：安全文明施工费	209650	
3	其他项目	597288	
3.1	其中：暂列金额	350000	
3.2	其中：专业工程暂估价	200000	
3.3	其中：计日工	26528	
3.4	其中：总承包服务费	20760	
4	规费	239001	
5	税金(扣除不列入计税范围的工程设备金额)	710330	
投标报价合计＝1＋2＋3＋4＋5		8603286	845000

二、投标文件的递交

投标人应当在招标文件规定的提交投标文件的截止时间前，将投标文件密封送达投标地点。招标人收到招标文件后，应当向投标人出具标明签收人和签收时间的凭证，在开标前任何单位和个人不得开启投标文件。在招标文件要求提交投标文件的截止时间后送达或未送达指定地点的投标文件，为无效的投标文件，招标人不予受理。未通过资格预审的申请人提交的投标文件，招标人应当拒收。根据规定，投标人应当在招标文件要求提交投标文件的截止时间前，将投标文件送达投标地点。招标人收到投标文件后，应当签收保存，不得开启。投标人少于三个的，招标人应当依照《中华人民共和国招标投标法》重新招标。在招标文件要求提交投标文件的截止时间后送达的投标文件，招标人应当拒收。

有关投标文件的递交还应注意以下问题。

（1）投标保证金　投标保证金是指投标人按照投标文件的要求向招标人出具的，以一定金额表示的投标责任担保。投标人在递交投标文件的同时，应按规定的金额、担保形式和投标保证金格式递交投标保证金，并作为其投标文件的组成部分。联合体投标的，其投标保证金由牵头人递交，并应符合规定。投标保证金除现金外，可以是银行出具的银行保函、保兑支票、银行汇票或现金支票。《中华人民共和国招标投标法实施条例》规定，招标人在招标文件中要求投标人提交投标保证金的，投标保证金不得超过招标项目估算价的 2%。投标保证金有效期应当与投标有效期一致。招标人不得挪用投标保证金。《工程建设项目施工招标投标办法》进一步规定，投标保证金不得超过招标项目估算价的 2%，但最高不得超过 80 万人民币。投标人不按要求提交投标保证金的，其投标文件作废标处理。招标人与中标人签订合同后 5 个工作日内，向未中标的投标人和中标人退还投标保证金及银行同期存款利息。出现下列情况的，投标保证金将不予返还：①投标人在规定的投标有效期内撤销或修改其投标文件；②中标人在收到中标通知书后，无正当理由拒签合同协议书或未按招标文件规定提交履约担保。

（2）投标有效期　投标有效期从投标截止时间起开始计算，主要用作组织评标委员会评标招标人定标、发出中标通知书，以及签订合同等工作，一般考虑以下因素：

① 组织评标委员会完成评标需要的时间；

② 确定中标人需要的时间；

③ 签订合同需要的时间。

一般项目投标有效期为 60～90 天，大型项目在 120 天左右。投标保证金的有效期应与投标有效期保持一致。

出现特殊情况需要延长投标有效期的，招标人以书面形式通知所有投标人延长投标有效期。投标人同意延长的，应相应延长其投标保证金的有效期，但不得要求或被允许修改或撤销其投标文件；投标人拒绝延长的，其投标失效，但投标人有权收回其投标保证金。

（3）投标文件的密封和标识　投标文件的正本与副本应分开包装，加贴封条，并在封套上清楚标记“正本”或“副本”字样，于封口处加盖投标人单位章。

（4）投标文件的修改与撤回　投标人撤回已提交的投标文件，应当在投标截止时间前书面通知招标人。招标人已收取投标保证金的，应当自收到投标人书面撤回通知之日起 5 日内退还。投标截止后投标人撤销投标文件的，招标人可以不退还投标保证金。

（5）费用承担与保密责任　投标人准备和参加投标活动发生的费用自理。参与招标投标活动的各方应对招标文件和投标文件中的商业和技术等秘密保密，违者应对由此造成的后果承担法律责任。

（6）存档备查　招标人应当如实记载投标文件的送达时间和密封情况，并存档备查。

三、联合体投标

两个以上法人或者其他组织可以组成一个联合体，以一个投标人的身份共同投标。

招标人应当在资格预审公告、招标公告或者投标邀请书中载明是否接受联合体投标。招标人接受联合体投标并进行资格预审的，联合体应当在提交资格预审申请文件前组成。资格预审后联合体增减、更换成员的，其投标无效。

联合体投标需遵循以下规定。

① 联合体各方应按招标文件提供的格式签订联合体协议书，明确联合体牵头人和各方权利义务，牵头人代表联合体成员负责投标和合同实施阶段的主办、协调工作，并应当向招标人提交由所有联合体成员法定代表人签署的授权书。

② 联合体各方签订共同投标协议后，不得再以自己名义单独投标，也不得组成新的联合体或参加其他联合体在同一项目中投标。联合体各方在同一招标项目中以自己名义单独投标或者参加其他联合体投标的，相关投标均无效。

③ 招标人接受联合体投标并进行资格预审的，联合体应当在提交资格预审申请文件前组成。资格预审后联合体增减、更换成员的，其投标无效。

④ 由同一专业的单位组成的联合体，按照资质等级较低的单位确定资质等级。

⑤ 联合体投标的，应当以联合体各方或者联合体中牵头人的名义提交投标保证金。以联合体中牵头人名义提交的投标保证金，对联合体各成员具有约束力。

四、串通投标

在投标过程有串通投标行为的，招标人或有关管理机构可以认定该行为无效。

1. 属于投标人相互串通投标

《招标投标法实施条例》规定：禁止投标人相互串通投标。属于投标人相互串通投标的行为有：

① 投标人之间协商投标报价等投标文件的实质性内容；

② 投标人之间约定中标人；

③ 投标人之间约定部分投标人放弃投标或者中标；

④ 属于同一集团、协会、商会等组织成员的投标人按照该组织要求协同投标；

⑤ 投标人之间为谋取中标或者排斥特定投标人而采取的其他联合行动。

2. 视为投标人相互串通投标

视为投标人相互串通投标的行为有：

① 不同投标人的投标文件由同一单位或者个人编制；

② 不同投标人委托同一单位或者个人办理投标事宜；

③ 不同投标人的投标文件载明的项目管理成员为同一人；

④ 不同投标人的投标文件异常一致或者投标报价呈规律性差异；

⑤ 不同投标人的投标文件相互混装；

⑥ 不同投标人的投标保证金从同一单位或者个人的账户转出。

3. 属于招标人与投标人串通投标

《中华人民共和国招标投标法实施条例》规定：禁止招标人与投标人串通投标。属于招标人与投标人串通投标的行为有：

① 招标人在开标前开启投标文件并将有关信息泄露给其他投标人；

② 招标人直接或者间接向投标人泄露标底、评标委员会成员等信息；

③ 招标人明示或者暗示投标人压低或者抬高投标报价；

④ 招标人授意投标人撤换、修改投标文件；

⑤ 招标人明示或者暗示投标人，为特定投标人中标提供方便；

⑥ 招标人与投标人为谋求特定投标人中标而采取的其他串通行为。

4. 以其他方式弄虚作假

以其他方式弄虚作假的行为有：

① 使用伪造、变造的许可证件；

② 提供虚假的财务状况或者业绩；

③ 提供虚假的项目负责人或者主要技术人员简历、劳动关系证明；

④ 提供虚假的信用状况；

⑤ 其他弄虚作假的行为。

第四节　投标策略的选择

投标策略是指投标人在投标竞争中的系统工作部署及其参与投标竞争的方式和手段。投标策略作为投标取胜的方式、手段和艺术，贯穿于投标竞争的始终，内容十分丰富。常用的投标策略主要有以下几种。

一、根据招标项目的不同特点采用不同报价

投标报价时，既要考虑自身的优势和劣势，也要分析招标项目的特点。按照工程项目的不同特点、类别、施工条件等来选择报价策略。

① 遇到如下情况报价可高一些：施工条件差的工程，专业要求高的技术密集型工程，而投标人在这方面又有专长，声望也较高；总价低的小工程，以及自己不愿做、又不方便不投标的工程；特殊的工程，如港口码头、地下开挖工程等；工期要求急的工程；投标对手少的工程；支付条件不理想的工程。

② 遇到如下情况报价可低一些：施工条件好的工程；工作简单、工程量大而其他投标人都可以做的工程；投标人目前急于打入某一市场、某一地区，或在该地区面临工程结束，机械设备等无工地转移时；投标人在附近有工程，而本项目又可利用该工程的设备、劳务，或有条件短期内突击完成的工程；投标对手多、竞争激烈的工程；非急需工程；支付条件好的工程。

二、不平衡报价法

这一方法是指一个工程项目总报价基本确定后，通过调整内部各个项目的报价，以期既不提高总报价、不影响中标，又能在结算时得到更理想的经济效益。一般可以考虑在以下几个方面采用不平衡报价。

① 能够早日结算的项目（如前期措施费、基础工程、土石方工程等）可以适当提高报价，以利资金周转，提高资金时间价值。后期工程项目如设备安装、装饰工程等的报价可适当降低。

② 经过工程量复核，预计今后工程量会增加的项目，单价适当提高，这样在最终结算时可多盈利，而将来工程量有可能减少的项目单价降低，工程结算时损失不大。

但是，上述两种情况要统筹考虑，即对于清单工程量有错误的早期工程，如果工程量不可能完成而有可能减少的项目，则不能盲目抬高价格，要具体分析后再定。

③ 设计图纸不明确、估计修改后工程量要增加的，可以提高单价，而工程内容说明不清楚的，则可以降低一些单价，在工程实施阶段通过索赔再寻求提高单价的机会。

④ 暂定项目又叫任意项目或选择项目，对这类项目要作具体分析。因这一类项目要开工后由发包人研究决定是否实施，以及由哪一家投标人实施。如果工程不分标，不会另由一家投标人施工，则其中肯定要施工的单价可高些，不一定要施工的则应该低些。如果工程分标，该暂定项目也可能由其他投标人施工时，则不宜报高价，以免抬高总报价。

⑤ 单价与包干混合制合同中，招标人要求有些项目采用包干报价时，宜报高价。一则这类项目多半有风险，二则这类项目在完成后可全部按报价结算，即可以全部结算回来。其余单价项目则可适当降低。

⑥ 有时招标文件要求投标人对工程量大的项目报“综合单价分析表”，投标时可将单价分析表中的人工费及机械设备费报得较高，而材料费报得较低。这主要是为了在今后补充项目报价时，可以参考选用“综合单价分析表”中较高的人工费和机械费，而材料则往往采用市场价，因而可获得较高的收益。

三、计日工单价的报价

如果是单纯报计日工单价，而且不计入总价中，可以报高些，以便在招标人额外用工或使用施工机械时可多盈利。但如果计日工单价要计入总报价时，则需具体分析是否报高价，以免抬高总报价。总之，要分析招标人在开工后可能使用的计日工数量，再来确定报价方针。

四、可供选择的项目的报价

有些工程项目的分项工程，招标人可能要求按某一方案报价，而后再提供几种可供选择方案的比较报价。投标时，应对不同规格情况下的价格都进行调查，对于将来有可能被选择使用的规格应适当提高其报价；对于技术难度大或其他原因导致的难以实现的规格，可将价格有意抬高得更多一些，以阻挠招标人选用。但是，所谓“可供选择项目”并非由投标人任意选择，而是招标人才有权进行选择。因此，虽然适当提高了可供选择项目的报价，并不意味着肯定可以取得较好的利润，只是提供了一种可能性，一旦招标人今后选用，投标人即可得到额外加价的利益。

五、暂定金额的报价

暂定金额有以下三种。

① 招标人规定了暂定金额的分项内容和暂定总价款，并规定所有投标人都必须在总报价中加入这笔固定金额，但由于分项工程量不很准确，允许将来按投标人所报单价和实际完成的工程量付款。这种情况下，由于暂定总价款是固定的，对各投标人的总报价水平竞争力没有任何影响，因此，投标时应当对暂定金额的单价适当提高。

② 招标人列出了暂定金额的项目的数量，但并没有限制这些工程量的估价总价款，要求投标人既列出单价，也应按暂定项目的数量计算总价，当将来结算付款时可按实际完成的工程量和所报单价支付。这种情况下，投标人必须慎重考虑。如果单价定得高了，同其他工程量计价一样，将会增大总报价，影响投标报价的竞争力；如果单价定得低了，将来这类工程量增大，将会影响收益。一般来说，这类工程量可以采用正常价格。如果投标人估计今后实际工程量肯定会增大，则可适当提高单价，使将来可增加额外收益。

③ 只有暂定金额的一笔固定总金额，将来这笔金额做什么用，由招标人确定。这种情况对投标竞争没有实际意义，按招标文件要求将规定的暂定金额列入总报价即可。

六、多方案报价法

对于一些招标文件，如果发现工程范围不很明确，条款不清楚或很不公正，或技术规范要求过于苛刻时，则要在充分估计投标风险的基础上，按多方案报价法处理，即按原招标文件报一个价，然后再提出，如某某条款做某些变动，报价可降低多少，由此可报出一个较低的价。这样可以降低总价，吸引招标人。

七、增加建议方案

有时招标文件中规定，可以提一个建议方案，即可以修改原设计方案，提出投标者的方案。投标人这时应抓住机会，组织一批有经验的设计和施工工程师，对原招标文件的设计和施工方案仔细研究，提出更为合理的方案以吸引招标人，促成自己的方案中标。这种新建议方案可以降低总造价或是缩短工期，或使工程运用更为合理。但要注意对原招标方案一定也要报价。建议方案不要写得太具体，要保留方案的技术关键，防止招标人将此方案交给其他投标人。同时要强调的是，建议方案一定要比较成熟，有很好的可操作性。

八、分包商报价的采用

总承包商通常应在投标前先取得分包商的报价，并增加总承包商摊入的一定的管理费，而后作为自己投标总价的一个组成部分一并列入报价单中。应当注意，分包商在投标前可能同意接受总承包商压低其报价的要求，但等到总承包商得标后，他们常以种种理由要求提高分包价格，这将使总承包商处于十分被动的地位。解决的办法是，总承包商在投标前找 2～3 家分包商分别报价，而后选择其中一家信誉较好、实力较强和报价合理的分包商签订协议，同意该分包商作为本分包工程的唯一合作者，并将分包商的姓名列到投标文件中，但要求该分包商相应地提交投标保函。如果该分包商认为总承包商确实有可能得标，也许愿意接受这一条件。这种把分包商的利益同投标人捆在一起的做法，不但可以防止分包商事后反悔和涨价，还可能迫使分包时报出较合理的价格，以便共同争取得标。

九、许诺优惠条件

投标报价附带优惠条件是一种行之有效的手段。招标人评标时，除了主要考虑报价和技术方案外，还要分析别的条件，如工期、支付条件等。所以在投标时主动提出提前竣工、低息贷款、赠给施工设备、免费转让新技术或某种技术专利、免费技术协作、代为培训人员等，均是吸引招标人、利于中标的辅助手段。

十、无利润报价

缺乏竞争优势的承包商，在不得已的情况下，只好在报价时根本不考虑利润而去夺标。这种办法一般是处于以下条件时采用：

① 有可能在得标后，将大部分工程分包给索价较低的一些分包商；

② 对于分期建设的项目，先以低价获得首期工程，而后赢得机会创造第二期工程中的

竞争优势，并在以后的实施中盈利；

③ 较长时期内，投标人没有在建的工程项目，如果再不得标，就难以维持生存。因此，虽然本工程无利可图，但只要能有一定的管理费维持公司的日常运转，就可设法渡过暂时的困难，以图将来东山再起。

【案例 4-1】 某道路改造工程要进行施工招标。该工程为市区主要交通要道，在施工过程中将采用不断交通的施工方式。根据各路段的不同情况采用不同的路面结构形式。其中一种结构采用 4cm 改性沥青玛琋脂碎石（SMA-13，玄武岩骨料）＋5cm 中粒式沥青混凝土（AC-20C）＋7cm 粗粒式沥青混凝土（AC-25C）＋1cm 沥青下封层＋20cm 二灰碎石＋40cm C20 混凝土＋原槽压实。在施工图纸中和清单描述中，对 40cm C20 混凝土均采用碾压混凝土。根据施工经验，工程施工单位在投标时，认为市政道路改造工程不可能采用碾压混凝土，在实际施工中很可能变更为 C20 商品混凝土。因此在报价中采用了不平衡报价，将此清单的单价压低为 215.23 元/m^3，此项的分部分项清单工程量为 2052m^3，建设单位提出变更后，施工单位提出变更单价。重新上报调整后的单价为 418.49 元/m^3，共增加造价 41.7 万元。

解析： 在本工程中，施工单位根据自己的施工经验，预计该项清单内容将来要更改，因而将该项报价降低，从而在结算时增加工程造价，取得了较好的盈利。所以在工程招投标阶段，对工程施工图纸、清单编制要尽量完善，避免此类的问题出现，给建设单位带来较大的损失。

【案例 4-2】 某承包商参与某高层商用办公楼土建工程的投标（安装工程由业主另行招标）。为了既不影响中标，又能在中标后取得较好的收益，决定采用不平衡报价法对原估价作适当调整，具体数字如表 4-12 所示。

表 4-12　报价调整前后对比表

项目	桩基围护工程	主体结构工程	装饰工程	总价
调整前(投标估价)/万元	1480	6600	7200	15280
调整后(正式报价)/万元	1600	7200	6480	15280

现假设桩基围护工程、主体结构工程、装饰工程的工期分别为 4 个月、12 个月、8 个月，贷款月利率为 1%，并假设各分部工程每月完成的工作量相同且能按月度及时收到工程款（不考虑工程款结算所需要的时间）。现值系数如表 4-13 所示。

表 4-13　现值系数表

n	4	8	12	16
$(P/A,1\%,n)$	3.9020	7.6517	11.2551	14.7179
$(P/F,1\%,n)$	0.9610	0.9235	0.8874	0.8528

解析： 承包商是将属于前期工程的桩基围护工程和主体结构工程的单价调高，而将属于后期工程的装饰工程的单价调低，可以在施工的早期阶段收到较多的工程款，从而可以提高承包商所得工程款的现值；而且，这三类工程单价的调整幅度均在±10%以内，属于合理范围。经济效果计算如表 4-14 所示。

表 4-14　采用不平衡报价的经济效果计算

项目	单价调整前的工程款现值/万元	单价调整后的工程款现值/万元
桩基围护工程	$A_1=1480/4=370$	$A_1'=1600/4=400$
主体结构工程	$A_2=6600/12=550$	$A_2'=7200/12=600$
装饰工程	$A_3=7200/8=900$	$A_3'=6480/8=810$
净现值计算	$PV_0=A_1(P/A,1\%,4)+A_2(P/A,1\%,12)(P/F,1\%,4)+A_3(P/A,1\%,8)(P/F,1\%,16)$ $=370\times3.9020+550\times11.2551\times0.9610+900\times7.6517\times0.8528$ $=1443.74+5948.88+5872.83$ $=13265.45$	$PV'=A_1'(P/A,1\%,4)+A_2'(P/A,1\%,12)(P/F,1\%,4)+A_3'(P/A,1\%,8)(P/F,1\%,16)$ $=400\times3.9020+600\times11.2551\times0.9610+810\times7.6517\times0.8528$ $=1560.80+6489.69+5285.55$ $=13336.04$

$PV'-PV_0=13336.04-13265.45=70.59$（万元）

复习题

1. 合同分析的内容有哪些？
2. 生产要素的询价如何进行？
3. 复核工程量有哪些注意事项？
4. 投标文件编制的内容有哪些？
5. 发承包双方对工程施工阶段的风险有哪些分摊原则？
6. 投标人对其他项目费投标报价时应遵循的原则是什么？
7. 投标报价的策略有哪些？
8. 试结合案例评析不平衡报价的应用。

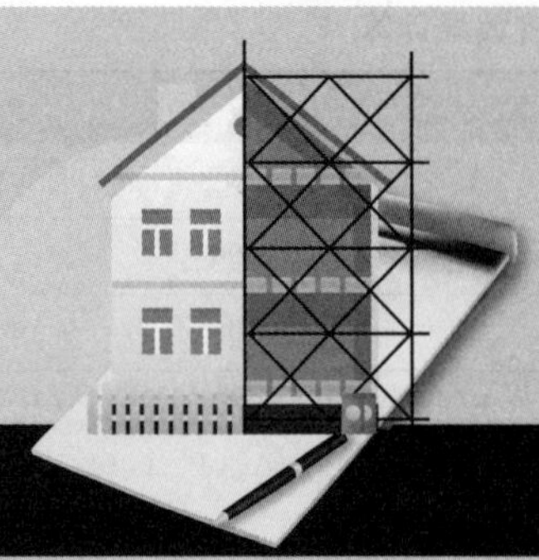

第五章

工程项目的评标与定标

接收到投标单位的投标文件之后，招标人会在规定的时间和地点进行开标。之后邀请评标专家完成评标和定标的工作。我国相关法规对于开标的时间和地点、出席开标会议的一系列规定、开标的顺序以及否决投标等，对于评标原则和评标委员会的组建、评标程序和方法，对于定标的条件与做法，均作出了明确而清晰的规定。

第一节　项目开标

一、开标的时间和地点

《中华人民共和国招标投标法》（主席令第 86 号）规定，开标应当在招标文件确定的提交投标文件截止时间的同一时间公开进行。《中华人民共和国招标投标法实施条例》规定，招标人应当按照招标文件规定的时间、地点开标。投标人少于 3 个的，不得开标；招标人应当重新招标。投标人对开标有异议的，应当在开标现场提出，招标人应当当场作出答复，并制作记录。

《电子招标投标办法》规定，电子开标应当按照招标文件确定的时间，在电子招标投标交易平台上公开进行，所有投标人均应当准时在线参加开标。

开标地点应当为招标文件中投标人须知前附表中预先确定的地点。

二、出席开标会议的规定

开标由招标人主持，并邀请所有投标人的法定代表人或其委托代理人准时参加。招标人可以在投标人须知前附表中对此作进一步说明，同时明确投标人的法定代表人或其委托代理人不参加开标的法律后果，通常不应以投标人不参加开标为由将其投标作废标处理。

三、开标程序

根据《标准施工招标文件》（九部委令第 56 号）的规定，主持人按下列程序进行开标。

① 宣布开标纪律。

② 公布在投标截止时间前递交投标文件的投标人名称，并点名确认投标人是否派人到场。

③ 宣布开标人、唱标人、记录人、监标人等有关人员姓名。

④ 按照投标人须知前附表规定检查投标文件的密封情况。

⑤ 按照投标人须知前附表的规定确定并宣布投标文件开标顺序。

⑥ 招标项目设有标底的，招标人应当在开标时公布。

⑦ 按照宣布的开标顺序当众开标，公布投标人名称、标段名称、投标保证金的递交情况、投标报价、质量目标、工期及其他内容，并记录在案。

⑧ 投标人代表、招标人代表、监标人、记录人等有关人员在开标记录上签字确认。

⑨ 开标结束。

需要注意的是，招标项目设有标底的，标底只能作为评标的参考，不得以投标报价是否接近标底作为中标条件，也不得以投标报价超过标底上下浮动范围作为否决投标的条件。

四、招标人不予受理的投标

投标文件有下列情形之一的，招标人不予受理。

① 逾期送达的。

② 未送达指定地点的。

③ 未按规定格式填写的。

④ 无单位盖章并无法定代表人或法定代表人授权的代理人签字或盖章的。

⑤ 未按招标文件要求密封的。

第二节　施工项目评标

一、评标的原则

评标活动应遵循公平、公正、科学、择优的原则，招标人应当采取必要的措施，保证评标在严格保密的情况下进行。评标是招标投标活动中一个十分重要的阶段，如果对评标过程不进行保密，则影响公正评标的不正当行为有可能发生。

评标委员会成员名单一般应于开标前确定，而且该名单在中标结果确定前应当保密。评标委员会在评标过程中是独立的，任何单位和个人都不得非法干预、影响评标过程和结果。

二、评标委员会的组建要求

1. 评标委员会的组建

评标委员会由招标人负责组建，负责评标活动，向招标人推荐中标候选人或者根据招标人的授权直接确定中标人。

评标委员会由招标人负责组建，由招标人或其委托的招标代理机构熟悉相关业务的代表，以及有关技术、经济等方面的专家组成，成员人数为五人以上的单数，其中技术、经济等方面的专家不得少于成员总数的三分之二。评标委员会设负责人的，负责人由评标委员会成员推举产生或者由招标人确定，评标委员会负责人与评标委员会的其他成员有同等的表决权。

评标委员会的专家成员应当从省级以上人民政府有关部门提供的专家名册或者招标代理机构专家库内的相关专家名单中确定。除特殊招标项目外，依法必须进行招标的项目，其评标委员会的专家成员应当从评标专家库内相关专业的专家名单中以随机抽取方式确定。任何单位和个人不得以明示、暗示等任何方式指定或者变相指定参加评标委员会的专家成员。技术特别复杂、专业性要求特别高或者国家有特殊要求的招标项目，采取随机抽取方式确定的专家难以胜任的，可以经过规定的程序由招标人直接确定。

2. 对评标委员会成员的要求

（1）评标委员会成员应符合的条件　评标委员会中的专家成员应符合下列条件。

① 从事相关专业领域工作满八年并具有高级职称或者同等专业水平。

② 熟悉有关招标投标的法律法规，并具有与招标项目相关的实践经验。

③ 能够认真、公正、诚实、廉洁地履行职责。

④ 身体健康，能够承担评标工作。

（2）不得担任评标委员会成员的情形　有下列情形之一的，不得担任评标委员会成员，应当回避。

① 招标人或投标人主要负责人的近亲属。

② 项目主管部门或者行政监督部门的人员。

③ 与投标人有经济利益关系，可能影响对投标公正评审的。

④ 曾因在招标、评标以及其他与招标投标有关活动中从事违法行为而受过行政处罚或刑事处罚的。

评标过程中，评标委员会成员有回避事由、擅离职守或者因健康等原因不能继续评标的，应当及时更换。被更换的评标委员会成员作出的评审结论无效，由更换后的评标委员会成员重新进行评审。

3. 评标时间

招标人应当根据项目规模和技术复杂程度等因素合理确定评标时间。超过三分之一的评标委员会成员认为评标时间不够的，招标人应当适当延长。

三、评标的准备与初步评审

1. 评标的准备

评标委员会成员应当编制供评标使用的相应表格，认真研究招标文件，至少应了解和熟悉以下内容。

① 招标的目标。

② 招标项目的范围和性质。

③ 招标文件中规定的主要技术要求、标准和商务条款。

④ 招标文件规定的评标标准、评标方法和在评标过程中考虑的相关因素。

招标人或者其委托的招标代理机构应当向评标委员会提供评标所需的重要信息和数据。

评标委员会应当根据招标文件规定的评标标准和方法，对投标文件进行系统的评审和比较。招标文件中没有规定的标准和方法不得作为评标的依据。因此，评标委员会成员还应当了解招标文件规定的评标标准和方法，这也是评标的重要准备工作。

2. 初步评审

根据《评标委员会和评标方法暂行规定》和《标准施工招标文件》（九部委令第 56 号）的规定，我国目前评标中主要采用的方法包括经评审的最低中标价法和综合评估法，两种评标方法在初步评审的内容和标准上基本是一致的。

（1）初步评审标准　初步评审标准，包括以下四个方面。

① 形式评审标准。包括投标人名称与营业执照、资质证书、安全生产许可证一致；投标函上有法定代表人或其委托代理人签字或加盖单位章；投标文件格式符合要求；联合体投标人已提交联合体协议书，并明确联合体牵头人（如有）；报价唯一，即只能有一个有效报价等。

② 资格评审标准。如果是未进行资格预审的，应具备有效的营业执照，具备有效的安全生产许可证，并且资质等级、财务状况、类似项目业绩、信誉、项目经理、其他要求、联合体投标人等，均符合规定。如果是已进行资格预审的，仍按前面所述“资格审查办法”中详细审查标准来进行。

③ 响应性评审标准。主要的投标内容包括投标报价校核，审查全部报价数据计算的正确性，分析报价构成的合理性，并与最高投标限价进行对比分析，还有工期、工程质量、投标有效期、投标保证金、权利义务、已标价工程量清单、技术标准和要求等，均应符合招标文件的有关要求。也就是说，投标文件应实质上响应招标文件的所有条款、条件，无显著的差异或保留。所谓显著的差异或保留包括以下情况：对工程的范围、质量及使用性能产生实质性影响；偏离了招标文件的要求，而对合同中规定的招标人的权利或者投标人的义务造成实质性的限制；纠正这种差异或者保留将会对提交了实质性响应要求的投标书的其他投标人的竞争地位产生不公正影响。

④ 施工组织设计和项目管理机构评审标准。主要包括施工方案与技术措施、质量管理体系与措施、安全管理体系与措施、环境保护管理体系与措施、工程进度计划与措施、资源配备计划、技术负责人、其他主要人员、施工设备、试验、检测仪器设备等，符合有关标准。

（2）投标文件的澄清和说明　评标委员会可以书面方式要求投标人对投标文件中含义不明确的内容作必要的澄清、说明或补正，但是澄清、说明或补正不得超出投标文件的范围或者改变投标文件的实质性内容。对招标文件的相关内容作出澄清、说明或补正，其目的是有利于评标委员会对投标文件的审查、评审和比较。澄清、说明或补正包括投标文件中含义不明确、对同类问题表述不一致或者有明显文字和计算错误的内容。但评标委员会不得向投标人提出带有暗示性或诱导性的问题，或向其明确投标文件中的遗漏和错误。同时，评标委员会不接受投标人主动提出的澄清、说明或不正。

投标文件不响应招标文件的实质性要求和条件的，招标人应当拒绝，并不允许投标人通过修正或撤销其不符合要求的差异或保留，使之成为具有响应性的投标。

评标委员会对投标人提交的澄清、说明或补正有疑问的，可以要求投标人进一步澄清、说明或补正，直至满足评标委员会的要求。

（3）投标报价的修正与澄清　投标报价有算术错误的，评标委员会按以下原则对投标

报价进行修正，修正的价格经投标人书面确认后具有约束力。投标人不接受修正价格的，其投标被否决。

① 投标文件中的大写金额与小写金额不一致的，以大写金额为准；

② 总价金额与依据单价计算出的结果不一致的，以单价金额为准修正总价，但单价金额小数点有明显错误的除外。

此外，如对不同文字文本投标文件的解释发生异议的，以中文文本为准。

投标文件中有含义不明确的内容、明显文字或者计算错误，评标委员会认为需要投标人作出必要澄清、说明的，应当书面通知该投标人。投标人的澄清、说明应当采用书面形式，并不得超出投标文件的范围或者改变投标文件的实质性内容。

评标委员会不得暗示或者诱导投标人作出澄清、说明，不得接受投标人主动提出的澄清、说明。

（4）评标委员会应当否决的投标　评标委员会应当审查每一投标文件是否对招标文件提出的所有实质性要求和条件作出响应。未能在实质上响应的投标，评标委员会应当否决其投标。具体情形包括：

① 投标文件未经投标单位盖章和单位负责人签字；

② 投标联合体没有提交共同投标协议；

③ 投标人不符合国家或者招标文件规定的资格条件；

④ 同一投标人提交两个以上不同的投标文件或者投标报价，但招标文件允许提交备选投标的除外；

⑤ 投标报价低于成本或者高于招标文件设定的最高投标限价，对报价是否低于工程成本的异议，评标委员会可以参照国务院有关主管部门和省、自治区、直辖市有关主管部门发布的有关规定进行评审；

⑥ 投标文件没有对招标文件的实质性要求和条件作出响应；

⑦ 投标人有串通投标、弄虚作假、行贿等违法行为。

3. 详细评审方法

经初步评审合格的投标文件，评标委员会应当根据招标文件确定的评标标准和方法，对其技术部分和商务部分作进一步评审、比较。详细评审的方法包括经评审的最低投标价法和综合评估法两种。

（1）经评审的最低投标价法　经评审的最低投标价法是指评标委员会对满足招标文件实质要求的投标文件，根据详细评审标准规定的量化因素及量化标准进行价格折算，按照经评审的投标价由低到高的顺序推荐中标候选人，或根据招标人授权直接确定中标人，但投标报价低于其成本的除外。经评审的投标价相等时，投标报价低的优先；投标报价也相等的，优先条件由招标人事先在招标文件中确定。

① 经评审的最低投标价法的适用范围。按照《评标委员会和评标方法暂行规定》（国家发展计划委员会、国家经济贸易委员会、建设部、铁道部、信息产业部、水利部令第 12 号）（2013 年修订）的规定，经评审的最低投标价法一般适用于具有通用技术、性能标准或者招标人对其技术、性能没有特殊要求的招标项目。

② 详细评审标准及规定。采用经评审的最低投标价法的，评标委员会应当根据招标文件中规定的评标价格调整方法，对所有投标人的投标报价以及投标文件的商务部分作必要的价格调整。根据《标准施工招标文件》（九部委令第 56 号）的规定，主要的量化因素包括单价遗漏和付款条件等，招标人可以根据项目具体特点和实际需要，进一步删减、补充或细化量化因素和标准。另外如世界银行贷款项目采用此种评标方法时，通常考虑的量化因素和标准包括：一定条件下的优惠（借款国国内投标人有 7.5%的评标优惠）；工期提前的效益对

报价的修正；同时投多个标段的评标修正等。所有的这些修正因素都应当在招标文件中有明确的规定。对同时投多个标段的评标修正，一般的做法是，如果投标人的某一个标段已被确定为中标，则在其他标段的评标中按照招标文件规定的百分比（通常为4%）乘以报价额后，在评标价中扣减此值。

根据经评审的最低投标价法完成详细评审后，评标委员会应当拟定一份“价格比较一览表”，连同书面评标报告提交招标人。“价格比较一览表”应当载明投标人的投标报价、对商务偏差的价格调整和说明以及已评审的最终投标价。

（2）综合评估法 不宜采用经评审的最低投标价法的招标项目，一般应当采取综合评估法进行评审。综合评估法是指评标委员会对满足招标文件实质性要求的投标文件，按照规定的评分标准进行打分，并按得分由高到低顺序推荐中标候选人，或根据招标人授权直接确定中标人，但投标报价低于其成本的除外。综合评分相等时，以投标报价低的优先；投标报价也相等的，由招标人自行确定。

① 详细评审中的分值构成与评分标准。综合评估法下评标分值构成分为四个方面，即施工组织设计、项目管理机构、投标报价、其他因素。总计分值为100分。各方面所占比例和具体分值由招标人自行确定，并在招标文件中明确载明。上述的四个方面标准具体评分因素如表5-1所示。

表5-1 综合评估法下的评分因素和评分标准

分值构成	评分因素	评分标准
施工组织设计评分标准	内容完整性和编制水平	…
	施工方案与技术措施	…
	质量管理体系与措施	…
	安全管理体系与措施	…
	环境保护管理体系与措施	…
	工程进度计划与措施	…
	资源配备计划	…
项目管理机构评分标准	项目经理任职资格与业绩	…
	技术责任人任职资格与业绩	…
	其他主要人员	…
投标报价评分标准	偏差率	…
	…	…
其他因素评分标准	…	…

【案例5-1】 各评审因素的权重和标准由招标人自行确定，例如可设定施工组织设计占25分，项目管理机构占10分，投标报价占60分，其他因素占5分。施工组织设计部分可进一步细分为：内容完整性和编制水平2分，施工方案与技术措施12分，质量管理体系与措施2分，安全管理体系与措施3分，环境保护管理体系与措施3分，工程进度计划与措施2分，其他因素1分等。对施工方案与技术措施可规定如下的评分标准：施工方案及施工方法先进可行，技术措施针对工程质量、工期和施工安全生产有充分保障11～12分；施工方案先进，方法可行，技术措施针对工程质量、工期和施工安全生产有保障8～10分；施工方案及施工方法可行，技术措施针对工程质量、工期和施工安全生产基本有保障6～7分；施

工方案及施工方法基本可行，技术措施针对工程质量、工期和施工安全生产基本有保障 1～5 分。

② 投标报价偏差率的计算。在评标过程中，可以对各个投标文件按下式计算投标报价偏差率：

$$偏差率=100\%\times(投标人报价-评标基准价)/评标基准价 \tag{5-1}$$

评标基准价的计算方法应在投标人须知前附表中予以明确。招标人可依据招标项目的特点、行业管理规定给出评标基准价的计算方法，确定时也可适当考虑投标人的投标报价。

③ 详细评审过程。评标委员会按分值构成与评分标准规定的量化因素和分值进行打分，并计算出各标书综合评估得分。

a. 按规定的评审因素和标准对施工组织设计计算出得分 A；

b. 按规定的评审因素和标准对项目管理机构计算出得分 B；

c. 按规定的评审因素和标准对投标报价计算出得分 C；

d. 按规定的评审因素和标准对其他部分计算出得分 D。

评分分值计算保留小数点后两位，小数点后第三位“四舍五入”。投标人得分计算公式是：投标人得分$=A+B+C+D$。由评委对各投标人的标书进行评分后加以比较，最后以总得分最高的投标人为中标候选人。

根据综合评估法完成评标后，评标委员会应当拟定一份“综合评估比较表”，连同书面评标报告提交招标人。“综合评估比较表”应当载明投标人的投标报价、所做的任何修正、对商务偏差的调整、对技术偏差的调整、对各评审因素的评估以及对每一投标的最终评审结果。

4. 评标结果

除招标人授权直接确定中标人外，评标委员会按照经评审的价格由低到高的顺序推荐中标候选人。评标委员会完成评标后，应当向招标人提交书面评标报告，并抄送有关行政监督部门。评标报告应当如实记载以下内容：

① 基本情况和数据表；

② 评标委员会成员名单；

③ 开标记录；

④ 符合要求的投标一览表；

⑤ 废标情况说明；

⑥ 评标标准、评标方法或者评标因素一览表；

⑦ 经评审的价格或者评分比较一览表；

⑧ 经评审的投标人排序；

⑨ 推荐的中标候选人名单与签订合同前要处理的事宜；

⑩ 澄清、说明、补正事项纪要。

评标报告由评标委员会全体成员签字。对评标结论持有异议的评标委员会成员可以书面方式阐述其不同意见和理由。评标委员会成员拒绝在评标报告上签字且不陈述其不同意见和理由的，视为同意评标结论。评标委员会应当对此作出书面说明并记录在案。

【案例 5-2】 某大型工程，由于技术难度大，对施工单位的施工设备和同类工程施工经验要求高，而且对工期的要求也比较紧迫。招标人在对有关单位及其在建工程考察的基础上，仅邀请了 3 家国有特级施工企业参加投标，并预先与咨询单位和该 3 家施工单位共同研究确定了施工方案。招标人要求投标人将技术标和商务标分别装订报送。招标文件中规定采用综合评估法进行评标，具体的评标标准如下。

1. 技术标共30分，其中施工方案10分（因已确定施工方案，各投标人均得10分）、施工总工期10分、工程质量10分。满足业主总工期要求（36个月）者得4分，每提前1个月加1分，不满足者为废标；招标人希望该工程今后能被评为省优工程，自报工程质量合格者得4分，承诺将该工程建成省优工程者得6分（若该工程未被评为省优工程将扣罚合同价的2%，该款项在竣工结算时暂不支付给承包商），近三年内获鲁班工程奖每项加2分，获省优工程奖每项加1分。

2. 商务标共70分。最高投标限价为36500万元，评标时以有效报价的算术平均数为评标基准价。报价为评标基准价的98%者得满分（70分），在此基础上，报价比评标基准价每下降1%，扣1分，每上升1%，扣2分（计分按“四舍五入”取整）。

各投标人的有关情况列于表5-2。

表5-2 投标参数汇总表

投标人	报价/万元	总工期/月	自报工程质量	鲁班工程奖	省优工程奖
A	35642	33	省优	1	1
B	34364	31	省优	0	2
C	33867	32	合格	0	1
D	36578	34	合格	1	2

按综合得分最高者中标的原则确定中标人。

解析：1. 计算各投标人的技术标得分，见表5-3。

投标人D的报价36578万元超过最高投标限价36500万元为废标，不计算技术标得分。

表5-3 技术标得分计算表

投标人	施工方案	总工期	工程质量	合计
A	10	4+(36−33)×1=7	6+2+1=9	26
B	10	4+(36−31)×1=9	6+1×2=8	27
C	10	4+(36−32)×1=8	4+1=5	23

2. 计算各投标人的商务标得分，见表5-4。

评标基准价＝（35642＋34364＋33867）÷3＝34624（万元）。

表5-4 商务标得分计算表

投标人	报价/万元	报价与评标基准价的比例/%	扣分	得分
A	35642	35642/34624＝102.9	(102.9−98)×2≈10	70−10＝60
B	34364	34364/34624＝99.2	(99.2−98)×2≈2	70−2＝68
C	33867	33867/34624＝97.8	(98−97.8)×1≈0	70−0＝70

3. 计算各投标人的综合得分，见表5-5。

表 5-5　综合得分计算表

投标人	技术标得分	商务标得分	综合得分
A	26	60	86
B	27	68	95
C	23	70	93

因为投标人 B 的综合得分最高，故应选择其作为中标人。

第三节　定标

一、中标候选人的确定

评标完成后，评标委员会应当向招标人提交书面评标报告和中标候选人名单。中标候选人应当不超过 3 个，并标明排序。

评标报告应当由评标委员会全体成员签字。对评标结果有不同意见的评标委员会成员应当以书面形式说明其不同意见和理由，评标报告应当注明该不同意见。评标委员会成员拒绝在评标报告上签字又不书面说明其不同意见和理由的，视为同意评标结果。

中标人的投标应当符合下列条件之一。

① 能够最大限度满足招标文件中规定的各项综合评价标准。

② 能够满足招标文件的实质性要求，并且经评审的投标价格最低；但是投标价格低于成本的除外。

对使用国有资金投资或者国家融资的项目，招标人应当确定排名第一的中标候选人为中标人。排名第一的中标候选人放弃中标，因不可抗力提出不能履行合同，或者招标文件规定应当提交履约保证金而在规定的期限内未能提交的，招标人可以确定排名第二的中标候选人为中标人。排名第二的中标候选人因上述同样原因不能签订合同的，招标人可以确定排名第三的中标候选人为中标人。也可以重新招标。

招标人可以授权评标委员会直接确定中标人。

招标人不得向中标人提出压低报价、增加工作量、缩短工期或其他违背中标人意愿的要求，以此作为发出中标通知书和签订合同的条件。

依法必须进行招标的项目，招标人应当自收到评标报告之日起 3 日内公示中标候选人，公示期不得少于 3 日。

投标人或者其他利害关系人对依法必须进行招标的项目的评标结果有异议的，应当在中标候选人公示期间提出。招标人应当自收到异议之日起 3 日内作出答复；作出答复前，应当暂停招标投标活动。

二、发出中标通知书并订立书面合同

1. 中标通知

中标人确定后，招标人应当向中标人发出中标通知书，并同时将中标结果通知所有未中标的投标人。中标通知书对招标人和中标人具有法律效力。中标通知书发出后，招标人改变中标结果，或者中标人放弃中标项目的，应当依法承担法律责任。依据《招标投标法》的规定，依法必须进行招标的项目，招标人应当自确定中标人之日起 15 日内，向有关行政监督部门提交招标投标情况的书面报告。书面报告中至少应包括下列内容。

① 招标范围。

② 招标方式和发布招标公告的媒介。

③ 招标文件中投标人须知、技术条款、评标标准和方法、合同主要条款等内容。

④ 评标委员会的组成和评标报告。

⑤ 中标结果。

2. 履约担保

在签订合同前，中标人以及联合体的中标人应按招标文件有关规定的金额、担保形式和招标文件规定的履约担保格式，向招标人提交履约担保。履约担保有现金、支票、履约担保书和银行保函等形式，可以选择其中的一种作为招标项目的履约担保，一般采用银行保函和履约担保书。履约担保金额一般为中标价的 10%。中标人不能按要求提交履约担保的，视为放弃中标，其投标保证金不予退还，给招标人造成的损失超过投标保证金数额的，中标人还应当对超过部分予以赔偿。中标后的承包人应保证其履约担保在发包人颁发工程接收证书前一直有效。发包人应在工程接收证书颁发后 28 天内把履约担保退还给承包人。

3. 签订合同

招标人和中标人应当自中标通知书发出之日起 30 天内，根据招标文件和中标人的投标文件订立书面合同。合同的标的、价款、质量、履行期限等主要条款应当与招标文件和中标人的投标文件的内容一致。招标人和中标人不得再行订立背离合同实质性内容的其他协议。招标人和中标人另行签订的建设工程施工合同约定的工程范围、建设工期、工程质量、工程价款等实质性内容，与中标合同不一致，一方当事人请求按照中标合同确定权利义务的，人民法院应予支持。

招标人和中标人在中标合同之外就明显高于市场价格购买承建房产、无偿建设住房配套设施、让利、向建设单位捐赠财物等另行签订合同，变相降低工程价款，一方当事人以该合同背离中标合同实质性内容为由请求确认无效的，人民法院应予支持。

中标人无正当理由拒签合同的，招标人取消其中标资格，其投标保证金不予退还；给招标人造成的损失超过投标保证金数额的，中标人还应当对超过部分予以赔偿。

发出中标通知书后，招标人无正当理由拒签合同的，招标人向中标人退还投标保证金；给中标人造成损失的，还应当赔偿损失。

招标人最迟应当在书面合同签订后 5 日内向中标人和未中标的投标人退还投标保证金及银行同期存款利息。

4. 履行合同

中标人应当按照合同约定履行义务，完成中标项目。《民法典》规定，承包人不得将其承包的全部建设工程转包给第三人或者将其承包的全部建设工程支解以后以分包的名义分别转包给第三人。禁止承包人将工程分包给不具备相应资质条件的单位。禁止分包单位将其承包的工程再分包。建设工程主体结构的施工必须由承包人自行完成。中标人应当就分包项目向招标人负责，接受分包的人就分包项目承担连带责任。招标人发现中标人转包或违法分包的，应当要求中标人改正；拒不改正的，可终止合同，并报请有关行政监督部门查处。

三、重新招标和不再招标

1. 重新招标

有下列情形之一的，招标人将重新招标：

① 投标截止时间止，投标人少于 3 个的；

② 经评标委员会评审后否决所有投标的。

2. 不再招标

《标准施工招标文件》（九部委令第 56 号）规定，重新招标后投标人仍少于 3 个或者所有投标被否决的，属于必须审批或核准的工程建设项目，经原审批或核准部门批准后不再进行招标。

四、定标与合同签订中的违法活动相关处罚

（1）依法必须进行招标的项目的招标人有下列情形之一的，由有关行政监督部门责令改正，可以处中标项目金额 10‰以下的罚款；给他人造成损失的，依法承担赔偿责任；对单位直接负责的主管人员和其他直接责任人员依法给予处分：

① 无正当理由不发出中标通知书；

② 不按照规定确定中标人；

③ 中标通知书发出后无正当理由改变中标结果；

④ 无正当理由不与中标人订立合同；

⑤ 在订立合同时向中标人提出附加条件。

（2）中标人无正当理由不与招标人订立合同，在签订合同时向招标人提出附加条件，或者不按照招标文件要求提交履约保证金的，取消其中标资格，投标保证金不予退还。对依法必须进行招标的项目的中标人，由有关行政监督部门责令改正，可以处中标项目金额 10‰以下的罚款。

（3）招标人和中标人不按照招标文件和中标人的投标文件订立合同，合同的主要条款与招标文件、中标人的投标文件的内容不一致，或者招标人、中标人订立背离合同实质性内容的协议的，由有关行政监督部门责令改正，可以处中标项目金额 5‰以上 10‰以下的罚款。

（4）中标人将中标项目转让给他人的，将中标项目支解后分别转让给他人的，违反《招标投标法》和《中华人民共和国招标投标法实施条例》规定将中标项目的部分主体、关键性工作分包给他人的，或者分包人再次分包的，转让、分包无效，处转让、分包项目金额 5‰以上 10‰以下的罚款；有违法所得的，并处没收违法所得；可以责令停业整顿；情节严重的，由工商行政管理机关吊销营业执照。

复习题

1. 开标程序包括哪些环节？

2. 评标委员会的组建有何规定？

3. 经初步评审后作为废标处理的情况有哪些？

4. 详细评审的方法有哪些？这些方法的适用范围是什么？

5. 中标人的投标应该符合哪些条件？

6. 什么情况下需要重新招标？什么情况下可以不再招标？

第六章 建设工程施工合同

第一节　建设工程施工合同类型及选择

一、建设工程施工合同的类型

《民法典》规定：建设工程合同是承包人进行工程建设，发包人支付价款的合同。建设工程施工合同是建设工程的主要合同之一，是工程建设质量控制、进度控制、投资控制的主要依据。根据合同计价方式的不同，建设工程施工合同可以分为总价合同、单价合同和成本加酬金合同三种类型。

1. 总价合同

总价合同是指在合同中确定一个完成项目的总价，承包人据此完成项目全部内容的合同。这种合同类型能够使发包人在评标时易于确定报价最低的承包人、易于进行支付计算。但这类合同仅适用于工程量不太大且能精确计算、工期较短、技术不太复杂、风险不大的项目。因而采用这种合同类型要求发包人必须准备详细而全面的设计图纸（一般要求施工详图）和各项说明，使承包人能准确计算工程量。总价合同又可以分为固定总价合同和可调总价合同。

（1）固定总价合同　这是建设工程施工经常使用的一种合同形式。总价被承包人接受以后，一般不得变动。所以在招标签约前，必须已基本完成设计工作（达 80%～100%），工程量和工程范围已十分明确。但工程范围不宜过大，以减少双方风险。也可阐明分期完成和分期付款办法。这种形式适合于工期较短（一般不超过一年），对工程要求十分明确的项目。

（2）可调总价合同　报价及签订合同时，以招标文件的要求及当时的物价计算总价合同。但在合同条款中双方商定：如果在执行合同中由于通货膨胀引起工料成本增加达到某一限度时，合同总价应相应调整。这种合同方式，发包人承担了通货膨胀这一不可预见的费用因素的主要风险，承包人承担通货膨胀因素的次要风险以及通货膨胀因素外的其他风险。工期较长（如一年以上）的工程，适合采用这种合同形式。

2. 单价合同

单价合同是承包人在投标时，按招标文件就分部分项工程所列出的工程量表确定各分部分项工程费用的合同类型。这类合同的适用范围比较宽，其风险可以得到合理的分摊，并且能鼓励承包人通过提高工效等手段从成本节约中提高利润。这类合同能够成立的关键在于双方对单价和工程量计算方法的确认。在合同履行中需要注意的问题则是双方对实际工程量计量的确认。单价合同也可以分为固定单价合同和可调单价合同。

（1）固定单价合同　这也是经常采用的合同形式。特别是在设计或其他建设条件（如地质条件）还不太明确的情况下（但技术条件应明确），而以后又需增加工程内容或工程量时，可以按单价适当追加合同内容。在每月（或每阶段）工程结算时，根据实际完成的工程量结算，在工程全部完成时以竣工图的工程量最终结算工程总价款。

（2）可调单价合同　合同单价可调，一般是在工程招标文件中规定。在合同中签订的单价，根据合同约定的条款，如在工程实施过程中物价发生变化等，可作调值。有的工程在招标或签约时，因某些不确定性因素而在合同中暂定某些分部分项工程的单价，在工程结算时，再根据实际情况和合同约定对合同单价进行调整，确定实际结算单价。

3. 成本加酬金合同

成本加酬金合同，是由发包人向承包人支付工程项目的实际成本，并按事先约定的某一种方式支付酬金的合同类型。在这类合同中，发包人需承担项目实际发生的一切费用，因此也就承担了项目的全部风险。而承包人由于无风险，其报酬往往也较低。这类合同的缺点是发包人对工程总造价不易控制，承包人也往往不注意降低项目成本。成本加酬金合同有多种形式，但目前流行的主要有如下几种：成本加固定费用合同；成本加定比费用合同；成本加奖金合同；成本加保证最大酬金合同；工时及材料补偿合同。

二、建设工程施工合同类型的选择

各种不同类型的合同有着各自的应用条件，合同各方的权利和责任的划分是不同的，合同各方承担的风险也不同，在实践中应根据工程项目的具体情况进行选择。选择合同类型应考虑以下因素。

（1）项目规模和工期长短　如果项目的规模较小，工期较短，则合同类型的选择余地较大，总价合同、单价合同及成本加酬金合同都可选择。由于选择总价合同发包人可以不承担风险，发包人较愿选用；对这类项目，承包人同意采用总价合同的可能性也较大，因为这类项目风险小，不可预测因素少。

如果项目规模大、工期长，则项目的风险也大，合同履行中的不可预测因素也多。这类项目不宜采用总价合同。

（2）项目的竞争情况　如果在某一时期和某一地点，愿意承包某一项目的承包人较多，则发包人拥有较多的主动权，可按照总价合同、单价合同、成本加酬金合同的顺序进行选择。如果愿意承包项目承包人较少，则承包人拥有的主动权较多，可以尽量选择承包人愿意采用的合同类型。

（3）项目的复杂程度　如果项目的复杂程度较高，则意味着：对承包人的技术水平要求高；项目的风险较大。因此，承包人对合同的选择有较大的主动权，总价合同被选用的可能性较小。如果项目的复杂程度低，则发包人对合同类型的选择握有较大的主动权。

（4）项目的单项工程的明确程度　如果单项工程的类别和工程量都已十分明确，则可选用的合同类型较多，总价合同、单价合同、成本加酬金合同都可以选择。如果单项工程的分类已详细而明确，但实际工程量与预计的工程量可能有较大出入时，则应优先选择单价合同，此时单价合同为最合理的合同类型。如果单项工程的分类和工程量都不甚明确，则无法采用单价合同。

（5）项目准备时间的长短　项目的准备包括发包人的准备工作和承包人的准备工作。对于不同的合同类型他们分别需要不同的准备时间和准备费用。总价合同需要的准备时间和准备费用最高，成本加酬金合同需要的准备时间和准备费用最低。对于一些非常紧急的项目如抢险救灾等项目，给予发包人和承包人的准备时间都非常短，因此，只能采用成本加酬金的合同形式。反之，则可采用单价合同形式或总价合同形式。

（6）项目的外部环境因素　项目的外部环境因素包括：项目所在地区的政治局势是否稳定、经济局势因素（如通货膨胀、经济发展速度等）、劳动力素质（当地）、交通、生活条件等。如果项目的外部环境恶劣则意味着项目的成本高、风险大、不可预测的因素多，承包人很难接受总价合同方式，而较适合采用成本加酬金合同。

总之，在选择合同类型时，一般情况下是发包人占有主动权。但发包人不能单纯考虑已方利益，应当综合考虑项目的各种因素、考虑承包人的承受能力，确定双方都能认可的合同类型。

第二节　我国现行的建设工程施工合同文本种类

鉴于施工合同的内容复杂、涉及面宽，为了避免施工合同的编制者遗漏某些方面的重要条款，或条款约定的责任权利不够公平合理，国家有关部门先后颁布了一些施工合同示范文本，作为规范性、指导性的合同文件，在全国或行业范围内推荐使用。目前，在工程建设中比较典型的施工合同文本主要有：《建设工程施工合同（示范文本）》（2017 年版）、《水利水电土建工程施工合同条件》以及《标准施工招标文件》的合同条款。

一、《建设工程施工合同（示范文本）》

2013 年 4 月，住房和城乡建设部联合国家工商行政管理总局印发建市〔2013〕56 号文件，发布了 2013 版《建设工程施工合同（示范文本）》（GF-2013-0201）。为了指导建设工程施工合同当事人的签约行为，维护合同当事人的合法权益，依据《中华人民共和国民法典》《中华人民共和国建筑法》《中华人民共和国招标投标法》以及相关法律法规，住房和城乡建设部、国家工商行政管理总局对《建设工程施工合同（示范文本）》（GF-2013-0201）进行了修订，制定了《建设工程施工合同（示范文本）》（GF-2017-0201）。《建设工程施工合同（示范文本）》适用于房屋建筑工程、土木工程、线路管道和设备安装工程、装修工程等建设工程的施工承发包活动。《建设工程施工合同（示范文本）》为非强制性使用文本，合同当事人可结合建设工程具体情况，根据《建设工程施工合同（示范文本）》订立合同，并按照法律法规规定和合同约定承担相应的法律责任及合同权利义务。

《建设工程施工合同（示范文本）》由合同协议书、通用合同条款和专用合同条款三部分组成，并包括了 11 个附件。

1. 合同协议书

《建设工程施工合同（示范文本）》合同协议书共计13条，主要包括：工程概况、合同工期、质量标准、签约合同价和合同价格形式、项目经理、合同文件构成、承诺以及合同生效条件等重要内容，集中约定了合同当事人基本的合同权利义务。

2. 通用合同条款

通用合同条款是合同当事人根据《中华人民共和国建筑法》《中华人民共和国民法典》等法律法规的规定，就工程建设的实施及相关事项，对合同当事人的权利义务作出的原则性约定。

通用合同条款共计20条，具体条款分别为：一般约定、发包人、承包人、监理人、工程质量、安全文明施工与环境保护、工期和进度、材料与设备、试验与检验、变更、价格调整、合同价格、计量与支付、验收和工程试车、竣工结算、缺陷责任与保修、违约、不可抗力、保险、索赔和争议解决。前述条款安排既考虑了现行法律法规对工程建设的有关要求，也考虑了建设工程施工管理的特殊需要。

3. 专用合同条款

专用合同条款是对通用合同条款原则性约定的细化、完善、补充、修改或另行约定的条款。合同当事人可以根据不同建设工程的特点及具体情况，通过双方的谈判、协商对相应的专用合同条款进行修改补充。在使用专用合同条款时，应注意以下事项：

① 专用合同条款的编号应与相应的通用合同条款的编号一致；

② 合同当事人可以通过对专用合同条款的修改，满足具体建设工程的特殊要求，避免直接修改通用合同条款；

③ 在专用合同条款中有横道线的地方，合同当事人可针对相应的通用合同条款进行细化、完善、补充、修改或另行约定；如无细化、完善、补充、修改或另行约定，则填写“无”或划“/”。

4. 附件

《建设工程施工合同（示范文本）》包括了11个附件，分别为：承包人承揽工程项目一览表；发包人供应材料设备一览表；工程质量保修书；主要建设工程文件目录；承包人用于本工程施工的机械设备表；承包人主要施工管理人员表；分包人主要施工管理人员表；履约担保格式；预付款担保格式；支付担保格式；暂估价一览表。

二、《水利水电土建工程施工合同条件》

为进一步完善招投标和合同管理机制，提高建设工程招投标和合同管理的规范化水平，切实保障承发包双方的合法权益，水利部、原国家电力工业部和原国家工商行政管理局于1997年10月1日联合颁布《水利水电土建工程施工合同条件》(GF-97-0208)。随着《招标投标法》的施行，为加强水利水电建设市场的管理，确保水利水电工程的建设管理在公平、公正的基础上健康有序地进行，水利部、原国家电力公司和原国家工商行政管理局对原合同条件进行修订，于2000年2月23日联合颁布修改后的《水利水电土建工程施工合同条件》(GF-2000-0208)。

《水利水电土建工程施工合同条件》分为通用合同条款和专用合同条款两部分，其中，通用条款有二十二大部分共60个条款、220个子款；专用合同条款中的各条款是补充和修改通用合同条款中条款号相同的条款或当需要时增加新的条款，两者应对照阅读，一旦出现矛盾或不一致，则以专用合同条款为准，通用合同条款中未补充和修改的部分仍有效。

根据规定，凡列入国家或地方建设计划的大中型水利水电工程，应使用《水利水电土建工程施工合同条件》，小型水利水电工程可参照使用。其中，通用合同条款应全文引用，不得删改；专用合同条款则应按其条款编号和内容，根据工程实际情况进行修改和补充。除专用合同条款中所列编号的条款外，通用合同条款其他条款的内容不得更动。若确因工程的特殊条件需要变更通用合同条款的内容时，应按工程建设项目管理的隶属关系报送水利部、原国家电力公司和原国家工商行政管理局的业务主管部门批准。

三、《标准施工招标文件》

为了规范施工招标文件编制活动，提高招标文件编制质量，促进招标投标活动的公开、公平和公正，国家发展和改革委员会、财政部、建设部、铁道部、交通部、信息产业部、水利部、民用航空总局、广播电影电视总局于2007年11月1日联合发布了《标准施工招标文件》（九部委令第56号），并自2008年5月1日起施行。与以前的行业标准施工招标文件相比，《标准施工招标文件》在指导思想、体例结构、主要内容以及使用要求等方面都有较大的创新和变化。《标准施工招标文件》不再分行业而是按施工合同的性质和特点编制招标文件，并且结合我国实际情况对通用合同条款作了较为系统的规定。

《标准施工招标文件》主要适用于具有一定规模的政府投资项目，且设计和施工不是由同一承包商承担的工程施工招标。国务院有关行业主管部门可根据《标准施工招标文件》并结合本行业施工招标特点和管理需要，编制行业标准施工招标文件。行业标准施工招标文件重点对“专用合同条款”“工程量清单”“图纸”“技术标准和要求”作出具体规定。

四、《简明标准施工招标文件》(2012年版)

2012年版《简明标准施工招标文件》（发改法规〔2011〕3018号，以下简称《标准文件》）开始颁布并实施。该文件适用于工期不超过12个月、技术相对简单且设计和施工不是由同一承包人承担的小型项目施工招标。招标人可根据招标项目具体特点和实际需要，参照《标准施工招标文件》、行业标准施工招标文件（如有），对《标准文件》作相应的补充和细化。

五、《标准设计施工总承包招标文件》(2012年版)

2012年版《标准设计施工总承包招标文件》（发改法规〔2011〕3018号）适用于设计施工一体化的总承包招标。该招标文件将正式招标分为单阶段招标、双信封招标、两阶段招标三种形式。其中单阶段招标是技术建议和商务建议同时开标，一次性唱标，适用于技术统一的土建工程项目；双信封招标是技术建议和商务建议分别密封提交，先开评技术标，投标人只允许就技术须修改的部分调整相应价格，适用于技术较复杂，需要作替代调整的EPC工程项目；两阶段招标是首先提交技术建议、经发包人和投标人讨论和澄清后，只有技术建议评审通过的投标人才可以在第二阶段投递以技术上经调整和补充后为基础的商务建议，适用于市场技术方案选择多，招标人不确定采用哪种方案的项目。《标准设计施工总承包招标文件（2012 年版）》的主要内容有招标公告（未进行资格预审）、投标邀请书（邀请招标、代资格预审通过通知书）、投标人须知、评标办法（综合评估法、经评审的最低投标价法）、合同条款与格式、发包人要求、发包人提供的资料、投标文件格式等。

第三节 《标准施工招标文件》中的合同条款

一、概述

1.《标准施工招标文件》中的合同条款简介

《标准施工招标文件》（九部委令第 56 号）的合同条款由通用合同条款和专用合同条款两部分构成，且附有合同协议书、履约担保和预付款担保 3 个格式文件。

通用合同条款是以发包人委托监理人管理工程合同的模式设定合同当事人的权利、义务和责任，区别于由发包人和承包人双方直接进行约定和操作的合同管理模式。通用合同条款同时适用于单价合同和总价合同，合同条款中涉及单价合同和总价合同的，招标人在编制招标文件时，应根据各行业和具体工程的不同特点和要求，进行修改和补充。

通用合同条款参考 FIDIC 有关内容，对发包人、承包人的责任进行恰当的划分，在材料和设备、工程质量、计量、变更、违约责任等方面，对双方当事人权利、义务、责任作了相对具体、集中和具有操作性的规定，为明确责任、减少合同纠纷提供了条件。具体条款共分 24 个方面的问题：一般约定，发包人义务，监理人，承包人，材料和工程设备，施工设备和临时设施，交通运输，测量放线，施工安全、治安保卫和环境保护，进度计划，开工和竣工，暂停施工，工程质量，试验和检验，变更，价格调整，计量与支付，竣工验收，缺陷责任与保修责任，保险，不可抗力，违约，索赔，争端的解决。通用条款的主要内容将在下文中作进一步介绍。

考虑到建设工程施工的行业特点，国务院有关行业主管部门在编制行业标准施工招标文件的“专用合同条款”时，可对“通用合同条款”进行补充、细化，除“通用合同条款”明确“专用合同条款”可作出不同约定外，补充和细化的内容不得与“通用合同条款”强制性规定相抵触，否则抵触内容无效。

2. 合同文件的组成及优先顺序

组成合同的各项文件应互相解释，相互说明。但是这些文件有时会产生冲突或含义不清。除专用合同条款另有约定外，解释合同文件的优先顺序如下。

① 合同协议书。

② 中标通知书。

③ 投标函及投标函附录。

④ 专用合同条款。

⑤ 通用合同条款。

⑥ 技术标准和要求。

⑦ 图纸。

⑧ 已标价工程量清单。

⑨ 其他合同文件。

二、施工合同双方的一般权利和义务

1. 发包人义务

发包人是指专用条款中指明并与承包人在合同协议书中签字的当事人。在合同履行过程中发包人应当承担的义务一般包括以下几个方面。

① 发包人在履行合同过程中应遵守法律，并保证承包人免于承担因发包人违反法律而引起的任何责任。

② 发包人应委托监理人按合同约定的时间向承包人发出开工通知。

③ 发包人应按专用合同条款的约定向承包人提供施工场地，以及施工场地内地下管线和地下设施等有关资料，并保证资料的真实、准确、完整。

④ 发包人应协助承包人办理法律规定的有关施工证件和批件。

⑤ 发包人应根据合同进度计划，组织设计单位向承包人进行设计交底。

⑥ 发包人应按合同约定向承包人及时支付合同价款。

⑦ 发包人应按合同约定及时组织竣工验收。

⑧ 发包人应履行合同约定的其他义务。

2. 承包人义务

承包人是指与发包人签订合同协议书的当事人，负责工程的建造施工。在合同履行过程中承包人应当承担的义务一般包括以下几个方面。

① 遵守法律。承包人在履行合同过程中应遵守法律，并保证发包人免于承担因承包人违反法律而引起的任何责任。

② 依法纳税。承包人应按有关法律规定纳税，应缴纳的税金包括在合同价格内。

③ 完成各项承包工作。承包人应按合同约定以及监理人的指示，实施、完成全部工程，并修补工程中的任何缺陷，除专用合同条款另有约定外，承包人应提供为完成合同工作所需的劳务、材料、施工设备、工程设备和其他物品，并按合同约定负责临时设施的设计、建造、运行、维护、管理和拆除。

④ 对施工作业和施工方法的完备性负责。承包人应按合同约定的工作内容和施工进度要求，编制施工组织设计和施工措施计划，并对所有施工作业和施工方法的完备性和安全可靠性负责。

⑤ 保证工程施工和人员的安全。承包人应按合同约定采取施工安全措施，确保工程及其人员、材料、设备和设施的安全，防止因工程施工造成的人身伤害和财产损失。

⑥ 负责施工场地及其周边环境与生态的保护工作。承包人应按照合同约定负责施工场地及其周边环境与生态的保护工作。

⑦ 避免施工对公众与他人的利益造成损害。承包人在进行合同约定的各项工作时，不得侵害发包人与他人使用公用道路、水源、市政管网等公共设施的权利，避免对邻近的公共设施产生干扰。承包人占用或使用他人的施工场地，影响他人作业或生活的，应承担相应责任。

⑧ 为他人提供方便。承包人应按监理人的指示为他人在施工场地或附近实施与工程有

关的其他各项工作提供可能的条件。

⑨ 工程的维护和照管。工程接收证书颁发前，承包人应负责照管和维护工程。工程接收证书颁发时尚有部分未竣工工程的，承包人还应负责该未竣工工程的照管和维护工作，直至竣工后移交给发包人为止。

⑩ 承包人应履行合同约定的其他义务。

3. 监理人

监理人是指受发包人委托对合同履行实施管理的法人或其他组织。

（1）监理人的职责和权力　监理人受发包人委托，享有合同约定的权力。监理人发出的任何指示应视为已得到发包人的批准，但监理人无权免除或变更合同约定的发包人和承包人的权利、义务和责任。合同约定应由承包人承担的义务和责任，不因监理人对承包人提交文件的审查或批准，对工程、材料和设备的检查和检验，以及为实施监理作出的指示等职务行为而减轻或解除。监理人接受发包人委托的工程监理任务后，应组建现场监理机构，并在发布开工通知前进驻工地，及时开展监理工作。监理机构由总监理工程师和监理人员组成。

（2）总监理工程师和监理人员　总监理工程师是指监理人委派常驻施工场地对合同履行实施管理的全权负责人。监理人员在总监理工程师的授权范围内行使某项权力。

① 总监理工程师的产生。总监理工程师由监理人任命。发包人应在发出开工通知前将总监理工程师的任命通知承包人。监理人更换总监理工程师须经发包人同意，并在调离 14 天前通知承包人。总监理工程师短期离开施工场地的，应委派代表代行其职责，并通知承包人。

② 总监理工程师委托监理人员。总监理工程师可以授权其他监理人员负责执行其指派的一项或多项监理工作，但总监理工程师不应将合同约定应由总监理工程师作出确定的权力授权或委托给其他监理人员。总监理工程师应将被授权监理人员的姓名及其授权范围通知承包人。被授权的监理人员在授权范围内发出的指示视为已得到总监理工程师的同意，与总监理工程师发出的指示具有同等效力。总监理工程师撤销某项授权时，应将撤销授权的决定及时通知承包人。监理人员没有在约定的（或合理的）期限内，对承包人的任何工作、工程或其采用的材料和工程设备提出否定意见的，视为已得到监理人的批准，但监理人员仍可在事后检查并拒绝该项工作、工程或其采用的材料和工程设备。承包人对总监理工程师授权的监理人员发出的指示有疑问的，可向总监理工程师提出书面异议，总监理工程师应在 48 小时内对该指示予以确认、更改或撤销。

（3）监理人的指示　监理人的指示应盖有监理人授权的施工场地机构章，并由总监理工程师或总监理工程师授权的监理人员签字。在紧急情况下，总监理工程师或被授权的监理人员可以当场签发临时书面指示，承包人应遵照执行。承包人应在收到上述临时书面指示后 24 小时内，向监理人发出书面确认函。监理人在收到书面确认函后 24 小时内未予答复的，该书面确认函应被视为监理人的正式指示。监理的产生与指示下达如图 6-1 所示。

（4）商定或确定　按照合同约定应当对有关事项进行商定或确定时，总监理工程师应与合同当事人协商，尽量达成一致。不能达成一致的，总监理工程师应认真研究后审慎确定。总监理工程师应将商定或确定的事项通知合同当事人，并附详细依据。对总监理工程师的确定有异议的，构成争议，按照合同约定的争议解决条款处理。在争议解决前，双方应暂按总监理工程师的确定执行，按照合同约定的争议解决程序对总监理工程师的确定作出修改的，按修改后的结果执行。

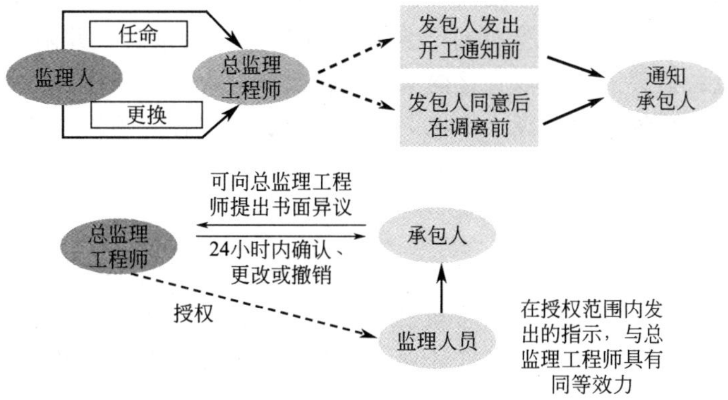

图 6-1　监理的产生与指示下达

4. 承包人项目经理

（1）项目经理的产生和更换　承包人应按合同约定指派项目经理，并在约定的期限内到职。承包人更换项目经理应事先征得发包人同意，并应在更换 14 天前通知发包人和监理人。承包人项目经理短期离开施工场地，应事先征得监理人同意，并委派代表代行其职责。监理人要求撤换不能胜任本职工作、行为不端或玩忽职守的承包人项目经理和其他人员的，承包人应予以撤换。具体过程如图 6-2 所示。

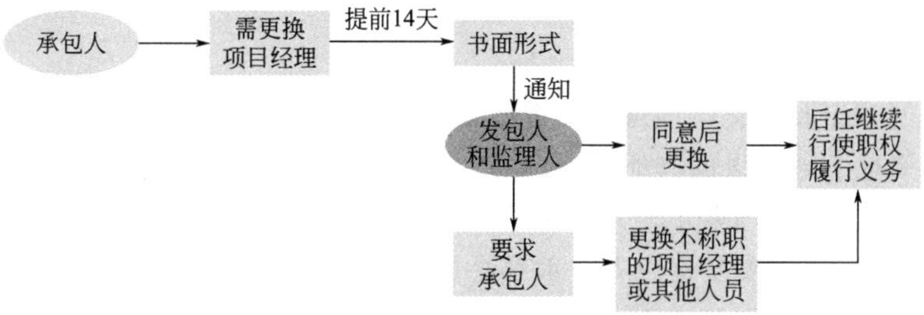

图 6-2　项目经理的产生和更换

（2）项目经理的职责　承包人项目经理应按合同约定以及监理人的指示，负责组织合同工程的实施。在情况紧急且无法与监理人取得联系时，可采取保证工程和人员生命财产安全的紧急措施，并在采取措施后 24 小时内向监理人提交书面报告。

承包人为履行合同发出的一切函件均应盖有承包人授权的施工场地管理机构章，并由承包人项目经理或其授权代表签字。承包人项目经理可以授权其下属人员履行其某项职责，但事先应将这些人员的姓名和授权范围通知监理人。

三、施工进度和工期

1. 进度计划

承包人应按专用合同条款约定的内容和期限，编制详细的施工进度计划和施工方案说明报送监理人。监理人应在专用合同条款约定的期限内批复或提出修改意见，否则该进度计划视为已得到批准。经监理人批准的施工进度计划称合同进度计划，是控制合同工程进度的依据。承包人还应根据合同进度计划，编制更为详细的分阶段或分项进度计划，报监理人审批。

不论何种原因造成工程的实际进度与批准的合同进度计划不符时，承包人可以在专用合同条款约定的期限内向监理人提交修订合同进度计划的申请报告，并附有关措施和相关资料，报监理人审批；监理人也可以直接向承包人作出修订合同进度计划的指示，承包人应按该指示修订合同进度计划，报监理人审批。监理人应在专用合同条款约定的期限内批复。监理人在批复前应获得发包人同意。

2. 开工

监理人应在开工日期 7 天前向承包人发出开工通知。监理人在发出开工通知前应获得发包人同意。工期自监理人发出的开工通知中载明的开工日期起计算。承包人应在开工日期后尽快施工。承包人应按批准的合同进度计划，向监理人提交工程开工报审表，经监理人审批后执行。开工报审表应详细说明按合同进度计划正常施工所需的施工道路、临时设施、材料设备、施工人员等施工组织措施的落实情况以及工程的进度安排。

3. 工期延误

（1）发包人的工期延误　在履行合同过程中，由于发包人的下列原因造成工期延误的，承包人有权要求发包人延长工期和（或）增加费用，并支付合理利润。

① 增加合同工作内容。

② 改变合同中任何一项工作的质量要求或其他特性。

③ 发包人迟延提供材料、工程设备或变更交货地点的。

④ 因发包人原因导致的暂停施工。

⑤ 提供图纸延误。

⑥ 未按合同约定及时支付预付款、进度款。

⑦ 发包人造成工期延误的其他原因。

应注意的是，上述原因并不一定必然造成工期延误。例如改变合同中任何一项工作的质量要求或其他特性、变更交货地点等一般都会影响费用和利润，但并不一定影响工期。

（2）承包人的工期延误　由于承包人原因，未能按合同进度计划完成工作，或监理人认为承包人施工进度不能满足合同工期要求的，承包人应采取措施加快进度，并承担加快进度所增加的费用。由于承包人原因造成工期延误，承包人应支付逾期竣工违约金。承包人支付逾期竣工违约金，并不免除承包人完成工程及修补缺陷的义务。

4. 暂停施工

除了发生不可抗力事件或其他客观原因造成必要的暂停施工外，工程施工过程中，当一方违约使另一方受到严重损失的，受损方有权要求暂停施工，其目的是减少工程损失和保护受损方的利益。但暂停施工将会影响工程进度，影响合同的正常履行，为此，合同双方都应尽量避免采取暂停施工的手段，而应通过协商，共同采取紧急措施，消除可能发生的暂停施工因素。

（1）承包人暂停施工的责任　因下列暂停施工增加的费用和（或）工期延误由承包人承担。

① 承包人违约引起的暂停施工。

② 由于承包人原因为工程合理施工和安全保障所必需的暂停施工。

③ 承包人擅自暂停施工。

④ 承包人其他原因引起的暂停施工。

⑤ 专用合同条款约定由承包人承担的其他暂停施工。

(2) 发包人暂停施工的责任 由于发包人原因引起的暂停施工造成工期延误的，承包人有权要求发包人延长工期和（或）增加费用，并支付合理利润。

(3) 监理人暂停施工指示 监理人认为有必要时，可向承包人作出暂停施工的指示，承包人应按监理人指示暂停施工。不论由于何种原因引起的暂停施工，暂停施工期间承包人应负责妥善保护工程并提供安全保障。由于发包人的原因发生暂停施工的紧急情况，且监理人未及时下达暂停施工指示的，承包人可先暂停施工，并及时向监理人提出暂停施工的书面请求。监理人应在接到书面请求后的 24 小时内予以答复，逾期未答复的，视为同意承包人的暂停施工请求。

(4) 暂停施工后的复工 暂停施工后，监理人应与发包人和承包人协商，采取有效措施积极消除暂停施工的影响。当工程具备复工条件时，监理人应立即向承包人发出复工通知。承包人收到复工通知后，应在监理人指定的期限内复工。承包人无故拖延和拒绝复工的，由此增加的费用和工期延误由承包人承担；因发包人原因无法按时复工的，承包人有权要求发包人延长工期和（或）增加费用，并支付合理利润。

(5) 暂停施工持续 56 天以上的处理办法 监理人发出暂停施工指示后 56 天内未向承包人发出复工通知，除了该项停工属于承包人的责任外，承包人可向监理人提交书面通知，要求监理人在收到书面通知后 28 天内准许已暂停施工的工程或其中一部分工程继续施工。如监理人逾期不予批准，则承包人可以通知监理人，将工程受影响的部分按有关变更条款的约定视为可取消工作。如暂停施工影响到整个工程，可视为发包人违约，由发包人承担违约责任。由于承包人责任引起的暂停施工，如承包人在收到监理人暂停施工指示后 56 天内不认真采取有效的复工措施，造成工期延误，可视为承包人违约，由承包人承担违约责任。

有关暂停施工的处理如图 6-3 所示。

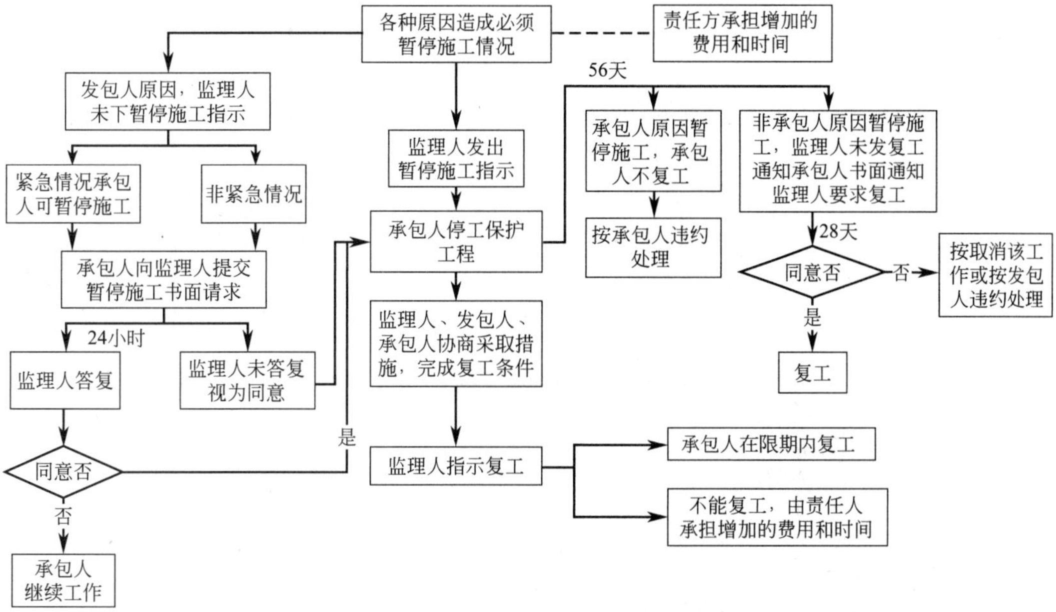

图 6-3 暂停施工的处理

5. 竣工验收

承包人应在其投标函中承诺的工期内完成合同工程。实际竣工日期应经工程验收后确定，并在工程接收证书中写明。

（1）工程竣工条件　当工程具备以下条件时，承包人即可向监理人报送竣工验收申请报告：

① 除监理人同意列入缺陷责任期内完成的尾工（甩项）工程和缺陷修补工作外，合同范围内的全部单位工程以及有关工作，包括合同要求的试验、试运行以及检验和验收均已完成，并符合合同要求；

② 已按合同约定的内容和份数备齐了符合要求的竣工资料；

③ 已按监理人的要求编制了在缺陷责任期内完成的尾工（甩项）工程和缺陷修补工作清单以及相应施工计划；

④ 监理人要求在竣工验收前应完成的其他工作；

⑤ 监理人要求提交的竣工验收资料清单。

（2）竣工验收过程　监理人收到承包人提交的竣工验收申请报告后，应审查申请报告的各项内容，监理人审查后认为尚不具备竣工验收条件的，应在收到竣工验收申请报告后的28天内通知承包人，指出在颁发接收证书前承包人还需进行的工作内容。监理人审查后认为已具备竣工验收条件的，应在收到竣工验收申请报告后的28天内提请发包人进行工程验收。发包人经过验收后同意接收工程的，应在监理人收到竣工验收申请报告后的56天内，由监理人向承包人出具经发包人签认的工程接收证书。发包人验收后不同意接收工程的，监理人应按照发包人的验收意见发出指示，要求承包人对不合格工程认真返工重做或进行补救处理，并承担由此产生的费用。承包人在完成不合格工程的返工重做或补救工作后，应重新提交竣工验收申请报告。

除专用合同条款另有约定外，经验收合格工程的实际竣工日期，以提交竣工验收申请报告的日期为准，并在工程接收证书中写明。发包人在收到承包人竣工验收申请报告56天后未进行验收的，视为验收合格，实际竣工日期以提交竣工验收申请报告的日期为准，但发包人由于不可抗力不能进行验收的除外。具体验收的过程如图6-4所示。

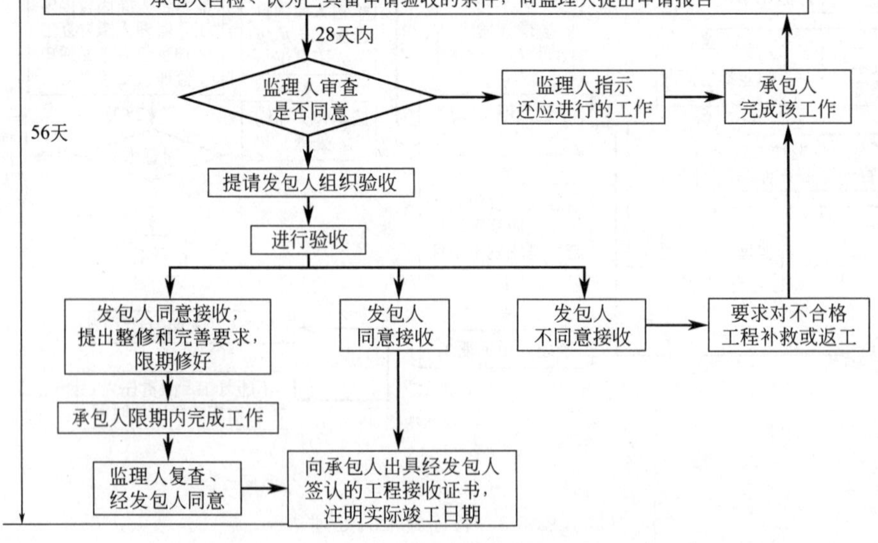

图6-4　竣工验收的流程和要求

四、施工质量和检验

工程施工中的质量控制是合同履行中的重要环节。施工合同的质量控制涉及许多方面的因素，任何一个方面的缺陷和疏漏，都会使工程质量无法达到预期的标准。

1. 工程质量要求

工程质量验收按合同约定验收标准执行。因承包人原因造成工程质量达不到合同约定验收标准的，监理人有权要求承包人返工直至符合合同要求为止，由此造成的费用增加和（或）工期延误由承包人承担。因发包人原因造成工程质量达不到合同约定验收标准的，发包人应承担由于承包人返工造成的费用增加和（或）工期延误，并支付承包人合理利润。

2. 施工过程中的检查

（1）承包人的质量检查　承包人应按合同约定对材料、工程设备以及工程的所有部位及其施工工艺进行全过程的质量检查和检验，并作详细记录，编制工程质量报表，报送监理人审查。

（2）监理人的质量检查　监理人有权对工程的所有部位及其施工工艺、材料和工程设备进行检查和检验。承包人应为监理人的检查和检验提供方便，包括监理人到施工场地，或制造、加工地点，或合同约定的其他地方进行察看和查阅施工原始记录。承包人还应按监理人指示，进行施工场地取样试验、工程复核测量和设备性能检测，提供试验样品、提交试验报告和测量成果以及监理人要求进行的其他工作。监理人的检查和检验，不免除承包人按合同约定应负的责任。监理人检查发现工程质量不符合要求的，有权要求重新进行检查复核、取样检验、返工拆除，直至符合验收标准为止。

3. 隐蔽工程的检查

（1）通知监理人检查　经承包人自检确认的工程隐蔽部位具备覆盖条件后，承包人应通知监理人在约定的期限内检查。承包人的通知应附有自检记录和必要的检查资料。监理人应按时到场检查。经监理人检查确认质量符合隐蔽要求，并在检查记录上签字后，承包人才能进行覆盖。监理人检查确认质量不合格的，承包人应在监理人指示的时间内修整返工后，由监理人重新检查。

（2）监理人未到场检查　监理人未按约定的时间进行检查的，除监理人另有指示外，承包人可自行完成覆盖工作，并作相应记录报送监理人，监理人应签字确认。监理人事后对检查记录有疑问的，可要求重新检查。

（3）监理人重新检查　经监理人检查质量合格或监理人未按约定的时间进行检查的，承包人覆盖工程隐蔽部位后，监理人对质量有疑问的，可要求承包人对已覆盖的部位进行钻孔探测或揭开重新检验，承包人应遵照执行，并在检验后重新覆盖恢复原状。经检验证明工程质量符合合同要求的，由发包人承担由此增加的费用和（或）工期延误，并支付承包人合理利润；经检验证明工程质量不符合合同要求的，由此增加的费用和（或）工期延误由承包人承担。具体检查的过程如图 6-5 所示。

4. 材料和工程设备的供应

工程建设的材料和工程设备供应的质量控制，是整个工程质量控制的基础。建筑材料、构配件生产及设备供应单位对其生产或者供应的产品质量负责，材料和工程设备的需方则应

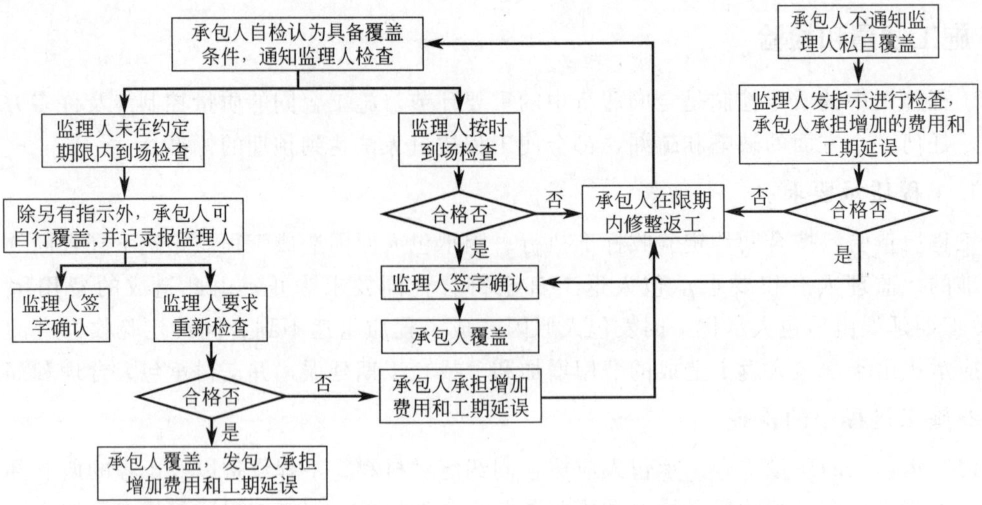

图 6-5　隐蔽工程的覆盖检查流程

根据买卖合同的规定进行质量验收。

（1）承包人供应材料和工程设备的验收　对承包人提供的材料和工程设备，承包人应会同监理人进行检验和交货验收，查验材料合格证明和产品合格证书，并按合同约定和监理人指示，进行材料的抽样检验和工程设备的检验测试，检验和测试结果应提交监理人，所需费用由承包人承担。

（2）发包人供应材料和工程设备的验收　发包人应在材料和工程设备到货 7 天前通知承包人，承包人应会同监理人在约定的时间内，赴交货地点共同进行验收。除专用合同条款另有约定外，发包人提供的材料和工程设备验收后，由承包人负责接收、运输和保管。发包人提供的材料和工程设备的规格、数量或质量不符合合同要求，或由于发包人原因发生交货日期延误及交货地点变更等情况的，发包人应承担由此增加的费用和（或）工期延误，并向承包人支付合理利润。

（3）材料和工程设备专用于合同工程　运入施工场地的材料、工程设备，包括备品备件、安装专用工器具与随机资料，必须专用于合同工程，未经监理人同意，承包人不得运出施工场地或挪作他用。随同工程设备运入施工场地的备品备件、专用工器具与随机资料，应由承包人会同监理人按供货人的装箱单清点后共同封存，未经监理人同意不得启用。承包人因合同工作需要使用上述物品时，应向监理人提出申请。

（4）禁止使用不合格的材料和工程设备　监理人有权拒绝承包人提供的不合格材料或工程设备，并要求承包人立即进行更换。监理人应在更换后再次进行检查和检验，由此增加的费用和（或）工期延误由承包人承担。监理人发现承包人使用了不合格的材料和工程设备，应即时发出指示要求承包人立即改正，并禁止在工程中继续使用不合格的材料和工程设备。发包人提供的材料或工程设备不符合合同要求的，承包人有权拒绝，并可要求发包人更换，由此增加的费用和（或）工期延误由发包人承担。

5. 缺陷责任与保修责任

缺陷责任期自工程通过竣工验收之日起计算。在全部工程竣工验收前，已经发包人提前验收的单位工程，其缺陷责任期的起算日期相应提前。因承包人原因导致工程无法按合同约定期限进行竣工验收的，缺陷责任期从实际通过竣工验收之日起计算。因发包人原因导致工程无法按合同约定期限进行竣工验收的，在承包人提交竣工验收报告90天后，工程自动进入缺陷责任期。

（1）缺陷责任 承包人应在缺陷责任期内对已交付使用的工程承担缺陷责任。缺陷责任期内，发包人对已接收使用的工程负责日常维护工作。发包人在使用过程中，发现已接收的工程存在新的缺陷或已修复的缺陷部位或部件又遭损坏的，承包人应负责修复，直至检验合格为止。监理人和承包人应共同查清缺陷和（或）损坏的原因。经查验属承包人原因造成的，承包人应负责维修，并承担鉴定及维修费用。如承包人不维修也不承担费用，发包人可按合同约定从保证金或银行保函中扣除，费用超出保证金额的，发包人可按合同约定向承包人进行索赔。承包人维修并承担相应费用后，不免除对工程的损失赔偿责任。经查验属发包人原因造成的，发包人应承担修复和查验的费用，并支付承包人合理利润。承包人不能在合理时间内修复缺陷的，发包人可自行修复或委托其他人修复，所需费用由缺陷责任方承担。经查验属他人原因造成的，发包人负责组织维修，承包人不承担费用，且发包人不得从保证金中扣除费用。

（2）缺陷责任期的延长 由于承包人原因造成某项缺陷或损坏使某项工程或工程设备不能按原定目标使用而需要再次检查、检验和修复的，发包人有权要求承包人相应延长缺陷责任期，但缺陷责任期包含延长部分最长不能超过24个月。在缺陷责任期（或延长的期限）终止后14天内，由监理人向承包人出具经发包人签认的缺陷责任期终止证书，并退还剩余的质量保证金。

（3）保修责任 合同当事人根据有关法律规定，在专用合同条款中约定工程质量保修范围、期限和责任。保修期自实际竣工日期起计算。在全部工程竣工验收前，已经发包人提前验收的单位工程，其保修期的起算日期相应提前。建设工程竣工验收后的质量保修范围与期限应遵守《建设工程质量管理条例》以及各建设行业有关工程建筑物与工程设备保修范围与期限的具体规定。

五、其他内容

1. 安全施工

（1）发包人的施工安全责任

① 发包人应按合同约定履行安全职责，授权监理人按合同约定的安全工作内容监督、检查承包人安全工作的实施，组织承包人和有关单位进行安全检查。

② 发包人应对其现场机构雇佣的全部人员的工伤事故承担责任，但由于承包人原因造成发包人人员工伤的，应由承包人承担责任。

③ 发包人应负责赔偿以下各种情况造成的第三者人身伤亡和财产损失：工程或工程的任何部分对土地的占用所造成的第三者财产损失；由于发包人原因在施工场地及其毗邻地带造成的第三者人身伤亡和财产损失。

（2）承包人的施工安全责任

① 承包人应按合同约定履行安全职责，执行监理人有关安全工作的指示，并在专用合同条款约定的期限内，按合同约定的安全工作内容，编制施工安全措施计划报送监理人审批。

② 承包人应加强施工作业安全管理，特别应加强易燃易爆材料、火工器材、有毒与腐

蚀性材料和其他危险品的管理，以及对爆破作业和地下工程施工等危险作业的管理。

③ 承包人应严格按照国家安全标准制定施工安全操作规程，配备必要的安全生产和劳动保护设施，加强对承包人人员的安全教育，并发放安全工作手册和劳动保护用具。

④ 承包人应按监理人的指示制定应对灾害的紧急预案，报送监理人审批。承包人还应按预案做好安全检查，配置必要的救助物资和器材，切实保护好有关人员的人身和财产安全。

⑤ 合同约定的安全作业环境及安全施工措施所需费用应遵守有关规定，并包括在相关工作的合同价格中。因采取合同未约定的安全作业环境及安全施工措施增加的费用，由监理人商定或确定。

⑥ 承包人应对其履行合同所雇佣的全部人员，包括分包人人员的工伤事故承担责任，但由于发包人原因造成承包人人员工伤事故的，应由发包人承担责任。

⑦ 由于承包人原因在施工场地内及其毗邻地带造成的第三者人员伤亡和财产损失，由承包人负责赔偿。

2. 专利技术

承包人在使用任何材料、承包人设备、工程设备或采用施工工艺时，因侵犯专利权或其他知识产权所引起的责任，由承包人承担，但由于遵照发包人提供的设计或技术标准和要求引起的除外。承包人在投标文件中采用专利技术的，专利技术的使用费包含在投标报价内。承包人的技术秘密和声明需要保密的资料和信息，发包人和监理人不得为合同以外的目的泄露给他人。

3. 化石、文物

在施工场地发掘的所有文物、古迹以及具有地质研究或考古价值的其他遗迹、化石、钱币或物品属于国家所有。一旦发现上述文物，承包人应采取有效合理的保护措施，防止任何人员移动或损坏上述物品，并立即报告当地文物行政部门，同时通知监理人。发包人、监理人和承包人应按文物行政部门要求采取妥善保护措施，由此导致费用增加和（或）工期延误由发包人承担。承包人发现文物后不及时报告或隐瞒不报，致使文物丢失或损坏的，应赔偿损失，并承担相应的法律责任。

4. 不利物质条件

不利物质条件通常是指承包人在施工现场遇到的不可预见的自然物质条件、非自然的物质障碍和污染物，包括地下和水文条件，但不包括气候条件。进一步的不利物质条件可以在专用条款内约定。承包人遇到不利物质条件时，应采取适应不利物质条件的合理措施继续施工，并及时通知监理人。监理人应当及时发出指示，指示构成变更的，按有关变更的约定处理。监理人没有发出指示的，承包人因采取合理措施而增加的费用和（或）工期延误，由发包人承担。监理人发出的指示不构成变更时，承包人因采取合理措施而增加的费用和（或）工期延误，也应由发包人承担。

5. 异常恶劣的气候条件

异常恶劣气候条件的具体范围，由专用合同条款进一步明确。当出现异常恶劣的气候条件时，承包人有责任自行采取措施，避免和克服异常气候条件造成的损失，同时有权要求发包人延长工期。当发包人不同意延长工期时，可按有关“发包人的工期延误”的约定，支付为抢工增加的费用，但不包括利润。

6. 不可抗力

不可抗力是指发包人和承包人在订立合同时不可预见，在工程施工过程中不可避免发生并不能克服的自然灾害和社会性突发事件，如地震、海啸、瘟疫、水灾、骚乱、暴动、战争和专用合同条款约定的其他情形。不可抗力发生后，发包人和承包人应及时认真统计所造成的损失，收集不可抗力造成损失的证据。合同双方对是否属于不可抗力或其损失的意见不一致的，由监理人商定或确定。发生争议时，按合同中关于争议解决条款的约定处理。

合同一方当事人遇到不可抗力事件，使其履行合同义务受到阻碍时，应立即通知合同另一方当事人和监理人，书面说明不可抗力和受阻碍的详细情况，并提供必要的证明。如不可抗力持续发生，合同一方当事人应及时向合同另一方当事人和监理人提交中间报告，说明不可抗力和履行合同受阻的情况，并于不可抗力事件结束后 28 天内提交最终报告及有关资料。

不可抗力导致的人员伤亡、财产损失、费用增加和（或）工期延误等后果，由合同双方按以下原则承担。

① 永久工程，包括已运至施工场地的材料和工程设备的损害，以及因工程损害造成的第三者人员伤亡和财产损失由发包人承担。

② 承包人设备的损坏由承包人承担。

③ 发包人和承包人各自承担其人员伤亡和其他财产损失及其相关费用。

④ 承包人的停工损失由承包人承担，但停工期间应监理人要求照管工程和清理、修复工程的金额由发包人承担。

⑤ 不能按期竣工的，应合理延长工期，承包人不需支付逾期竣工违约金。发包人要求赶工的，承包人应采取赶工措施，赶工费用由发包人承担。

但是，合同一方当事人延迟履行，在延迟履行期间发生不可抗力的，不免除其责任。

不可抗力发生后，发包人和承包人均应采取措施尽量避免和减少损失的扩大，任何一方没有采取有效措施导致损失扩大的，应对扩大的损失承担责任。合同一方当事人因不可抗力不能履行合同的，应当及时通知对方解除合同。合同解除后，承包人应按照合同约定撤离施工场地。已经订货的材料、设备由订货方负责退货或解除订货合同，不能退还的货款和因退货、解除订货合同发生的费用，由发包人承担，因未及时退货造成的损失由责任方承担。合同解除后的付款，参照合同有关条款的约定，由监理人商定或确定。

7. 保险

投保责任因为险种的不同而不同。

（1）工程保险　承包人应以发包人和承包人的共同名义向双方同意的保险人投保建筑工程一切险、安装工程一切险。其具体的投保内容、保险金额、保险费率、保险期限等有关内容在专用合同条款中约定。

（2）人员工伤事故的保险　承包人应依照有关法律规定参加工伤保险，为其履行合同所雇佣的全部人员，缴纳工伤保险费，并要求其分包人也进行此项保险。发包人应依照有关法律规定参加工伤保险，为其现场机构雇佣的全部人员缴纳工伤保险费，并要求其监理人也进行此项保险。

（3）人身意外伤害险　发包人应在整个施工期间为其现场机构雇用的全部人员，投保人身意外伤害险，缴纳保险费，并要求其监理人也进行此项保险。承包人应在整个施工期间为其现场机构雇用的全部人员，投保人身意外伤害险，缴纳保险费，并要求其分包人也进行此项保险。

（4）第三者责任险　第三者责任险系指在保险期内，对因工程意外事故造成的、依法应由被保险人负责的工地上及毗邻的第三者人身伤亡、疾病或财产损失（本工程除外），以及被保险人因此而支付的诉讼费用和事先经保险人书面同意支付的其他费用等赔偿责任。在缺陷责任期终止证书颁发前，承包人应以承包人和发包人的共同名义，投保第三者责任险，其保险费率、保险金额等有关内容在专用合同条款中约定。

（5）其他保险　除专用合同条款另有约定外，承包人应为其施工设备、进场的材料和工程设备等办理保险。

8. 工程分包

承包人不得将其承包的全部工程转包给第三人，或将其承包的全部工程支解后以分包的名义转包给第三人。承包人不得将工程主体、关键性工作分包给第三人，除专用合同条款另有约定外，未经发包人同意，承包人不得将工程的其他部分或工作分包给第三人。分包人的资格能力应与其分包工程的标准和规模相适应。按投标函附录约定分包工程的，承包人应向发包人和监理人提交分包合同副本。承包人应与分包人就分包工程向发包人承担连带责任。

六、违约责任

1. 承包人违约

（1）承包人违约的情形　在履行合同过程中发生的下列情况属承包人违约。

① 承包人私自将合同的全部或部分权利转让给其他人，或私自将合同的全部或部分义务转移给其他人。

② 承包人未经监理人批准，私自将已按合同约定进入施工场地的施工设备、临时设施或材料撤离施工场地。

③ 承包人使用了不合格材料或工程设备，工程质量达不到标准要求，又拒绝清除不合格工程。

④ 承包人未能按合同进度计划及时完成合同约定的工作，已造成或预期造成工期延误。

⑤ 承包人在缺陷责任期内，未能对工程接收证书所列的缺陷清单的内容或缺陷责任期内发生的缺陷进行修复，而又拒绝按监理人指示再进行修补。

⑥ 承包人无法继续履行或明确表示不履行或实质上已停止履行合同。

⑦ 承包人不按合同约定履行义务的其他情况。

（2）对承包人违约的处理　承包人无法继续履行或明确表示不履行或实质上已停止履行合同时，发包人可通知承包人立即解除合同，并按有关法律处理。承包人发生其他违约情况时，监理人可向承包人发出整改通知，要求其在指定的期限内改正。承包人应承担其违约所引起的费用增加和（或）工期延误。经检查证明承包人已采取了有效措施纠正违约行为，具备复工条件的，可由监理人签发复工通知复工。

监理人发出整改通知 28 天后，承包人仍不纠正违约行为的，发包人可向承包人发出解除合同通知。合同解除后，发包人可派员进驻施工场地，另行组织人员或委托其他承包人施工。发包人因继续完成该工程的需要，有权扣留使用承包人在现场的材料、设备和临时设施。但发包人的这一行动不免除承包人应承担的违约责任，也不影响发包人根据合同约定享有的索赔权利。

（3）合同解除后的估价、付款和结清　合同解除后，监理人应商定或确定承包人实际完成工作的价值，以及承包人已提供的材料、施工设备、工程设备和临时工程等的价值。发包人应暂停对承包人的一切付款，查清各项付款和已扣款金额，包括承包人应支付的违约金。合同解除后，发包人应向承包人索赔由于解除合同给发包人造成的损失。合同双方确认上述往来款项后，出具最终结清付款证书，结清全部合同款项。双方未能就解除合同后的结清达成一致而形成争议的，按合同中争议解决条款的约定处理。通常的估价原则如下。

① 涉及解除合同前已发生的费用仍按原合同约定结算。

② 承包人应赔偿发包人因更换承包人所造成的损失。

③ 发包人需要使用的原承包人材料、设备和临时设施的费用由监理人与合同双方商定或确定。

2. 发包人违约

（1）发包人违约的情形　在履行合同过程中发生的下列情形属发包人违约。

① 发包人未能按合同约定支付预付款或合同价款，或拖延、拒绝批准付款申请和支付凭证，导致付款延误的。

② 由于发包人原因造成停工的。

③ 监理人无正当理由没有在约定期限内发出复工指示，导致承包人无法复工的。

④ 发包人无法继续履行或明确表示不履行或实质上已停止履行合同的。

⑤ 发包人不履行合同约定其他义务的。

（2）对发包人违约的处理　发包人无法继续履行或明确表示不履行或实质上已停止履行合同时，承包人可书面通知发包人解除合同。发包人发生其他违约情况时，承包人可向发包人发出通知，要求发包人采取有效措施纠正违约行为。发包人收到承包人通知后的 28 天内仍不履行合同义务，承包人有权暂停施工，并通知监理人，发包人应承担由此增加的费用和（或）工期延误，并支付承包人合理利润。承包人暂停施工 28 天后，发包人仍不纠正违约行为的，承包人可向发包人发出解除合同通知。但承包人的这一行动不免除发包人承担的违约责任，也不影响承包人根据合同约定享有的索赔权利。

（3）解除合同后的付款　因发包人违约解除合同的，发包人应在解除合同后 28 天内向承包人支付下列金额，承包人应在此期限内及时向发包人提交要求支付下列金额的有关资料和凭证。

① 合同解除日以前所完成工作的价款。

② 承包人为该工程施工订购并已付款的材料、工程设备和其他物品的金额。发包人付还后，该材料、工程设备和其他物品归发包人所有。

③ 承包人为完成工程所发生的，而发包人未支付的金额。

④ 承包人撤离施工场地以及遣散承包人人员的金额。

⑤ 由于解除合同应赔偿的承包人损失。

⑥ 按合同约定在合同解除日前应支付给承包人的其他金额。

发包人应支付上述金额并退还质量保证金和履约担保，但有权要求承包人支付应偿还给发包人的各项金额。

七、争议的解决

1. 争议解决的一般原则

在提请争议评审、仲裁或者诉讼前，以及在争议评审、仲裁或诉讼过程中，发包人和承包人均可共同努力友好协商解决争议。

2. 争议评审

应采用争议评审的，发包人和承包人应在开工日后的28天内或在争议发生后，协商成立争议评审组。争议评审组由有合同管理和工程实践经验的专家组成。

合同双方的争议，应首先由申请人向争议评审组提交一份详细的评审申请报告，并附必要的文件、图纸和证明材料，申请人还应将上述报告的副本同时提交给被申请人和监理人。被申请人在收到申请人评审申请报告副本后的28天内，向争议评审组提交一份答辩报告，并附证明材料。被申请人将答辩报告的副本同时提交给申请人和监理人。争议评审组在收到合同双方报告后的14天内，邀请双方代表和有关人员举行调查会，向双方调查争议细节；必要时争议评审组可要求双方进一步提供补充材料。在调查会结束后的14天内，争议评审组应在不受任何干扰的情况下进行独立、公正的评审，作出书面评审意见，并说明理由。在争议评审期间，争议双方暂按总监理工程师的确定执行。

发包人和承包人接受评审意见的，由监理人根据评审意见拟定执行协议，经争议双方签字后作为合同的补充文件，并遵照执行。发包人或承包人不接受评审意见，并要求提交仲裁或提起诉讼的，应在收到评审意见后的14天内将仲裁或起诉意向书面通知另一方，并抄送监理人，但在仲裁或诉讼结束前应暂按总监理工程师的确定执行。

3. 争议的法律解决

发包人和承包人在履行合同中发生争议的，可以友好协商解决或者提请争议评审组评审。合同当事人友好协商解决不成、不愿提请争议评审或者不接受争议评审组意见的，可在专用合同条款中约定下列一种方式解决。

① 向约定的仲裁委员会申请仲裁。

② 向有管辖权的人民法院提起诉讼。

第四节 《建设工程施工合同（示范文本）》中的主要合同条款

一、《建设工程施工合同（示范文本）》（GF-2017-0201）合同文件的构成与解释顺序

组成合同的各项文件应互相解释，互为说明。除专用合同条款另有约定外，解释合同文件的优先顺序如下：

① 合同协议书；

② 中标通知书（如果有）；

③ 投标函及其附录（如果有）；

④ 专用合同条款及其附件；

⑤ 通用合同条款；

⑥ 技术标准和要求；

⑦ 图纸；

⑧ 已标价工程量清单或预算书；

⑨ 其他合同文件。

上述各项合同文件包括合同当事人就该项合同文件所作出的补充和修改，属于同一类内容的文件，应以最新签署的为准。

在合同订立及履行过程中形成的与合同有关的文件均构成合同文件组成部分，并根据其性质确定优先解释顺序。

二、施工合同双方的一般权利和义务

1. 发包人义务

发包人义务是施工现场、施工条件和基础资料的提供，包括以下几个方面。

（1）提供施工现场　除专用合同条款另有约定外，发包人应最迟于开工日期 7 天前向承包人移交施工现场。

（2）提供施工条件　除专用合同条款另有约定外，发包人应负责提供施工所需要的条件，包括：

① 将施工用水、电力、通信线路等施工所必需的条件接至施工现场内；

② 保证向承包人提供正常施工所需要的进入施工现场的交通条件；

③ 协调处理施工现场周围地下管线和邻近建筑物、构筑物、古树名木的保护工作，并承担相关费用；

④ 按照专用合同条款约定应提供的其他设施和条件。

（3）提供基础资料　发包人应当在移交施工现场前向承包人提供施工现场及工程施工所必需的毗邻区域内供水、排水、供电、供气、供热、通信、广播电视等地下管线资料，气象和水文观测资料，地质勘察资料，相邻建筑物、构筑物和地下工程等有关基础资料，并对所提供资料的真实性、准确性和完整性负责。

按照法律规定确需在开工后方能提供的基础资料，发包人应尽其努力及时地在相应工程施工前的合理期限内提供，合理期限应以不影响承包人的正常施工为限。

（4）逾期提供的责任　因发包人原因未能按合同约定及时向承包人提供施工现场、施工条件、基础资料的，由发包人承担由此增加的费用和（或）延误的工期。

（5）资金来源证明及支付担保　除专用合同条款另有约定外，发包人应在收到承包人要求提供资金来源证明的书面通知后 28 天内，向承包人提供能够按照合同约定支付合同价款的相应资金来源证明。

除专用合同条款另有约定外，发包人要求承包人提供履约担保的，发包人应当向承包人提供支付担保。支付担保可以采用银行保函或担保公司担保等形式，具体由合同当事人在专用合同条款中约定。

（6）支付合同价款　发包人应按合同约定向承包人及时支付合同价款。

（7）组织竣工验收　发包人应按合同约定及时组织竣工验收。

（8）现场统一管理协议　发包人应与承包人、由发包人直接发包的专业工程的承包人签订施工现场统一管理协议，明确各方的权利义务。施工现场统一管理协议作为专用合同条款的附件。

2. 承包人义务

① 办理法律规定应由承包人办理的许可和批准，并将办理结果书面报送发包人留存；

② 按法律规定和合同约定完成工程，并在保修期内承担保修义务；

③ 按法律规定和合同约定采取施工安全和环境保护措施，办理工伤保险，确保工程及人员、材料、设备和设施的安全；

④ 按合同约定的工作内容和施工进度要求，编制施工组织设计和施工措施计划，并对所有施工作业和施工方法的完备性和安全可靠性负责；

⑤ 在进行合同约定的各项工作时，不得侵害发包人与他人使用公用道路、水源、市政管网等公共设施的权利，避免对邻近的公共设施产生干扰。承包人占用或使用他人的施工场地，影响他人作业或生活的，应承担相应责任；

⑥ 按照约定负责施工场地及其周边环境与生态的保护工作；

⑦ 按约定采取施工安全措施，确保工程及其人员、材料、设备和设施的安全，防止因工程施工造成的人身伤害和财产损失；

⑧ 将发包人按合同约定支付的各项价款专用于合同工程，且应及时支付其雇用人员工资，并及时向分包人支付合同价款；

⑨ 按照法律规定和合同约定编制竣工资料，完成竣工资料立卷及归档，并按专用合同条款约定的竣工资料的套数、内容、时间等要求移交发包人；

⑩ 应履行的其他义务。

3. 监理人

（1）监理人的一般规定　工程实行监理的，发包人和承包人应在专用合同条款中明确监理人的监理内容及监理权限等事项。监理人应当根据发包人授权及法律规定，代表发包人对工程施工相关事项进行检查、查验、审核、验收，并签发相关指示，但监理人无权修改合同，且无权减轻或免除合同约定的承包人的任何责任与义务。除专用合同条款另有约定外，监理人在施工现场的办公场所、生活场所由承包人提供，所发生的费用由发包人承担。

（2）监理人员　发包人授予监理人对工程实施监理的权利由监理人派驻施工现场的监理人员行使，监理人员包括总监理工程师及监理工程师。监理人应将授权的总监理工程师和监理工程师的姓名及授权范围以书面形式提前通知承包人。更换总监理工程师的，监理人应提前 7 天书面通知承包人；更换其他监理人员，监理人应提前 48 小时书面通知承包人。

（3）监理人的指示　监理人应按照发包人的授权发出监理指示。监理人的指示应采用书面形式，并经其授权的监理人员签字。紧急情况下，为了保证施工人员的安全或避免工程受损，监理人员可以口头形式发出指示，该指示与书面形式的指示具有同等法律效力，但必须在发出口头指示后 24 小时内补发书面监理指示，补发的书面监理指示应与口头指示一致。

监理人发出的指示应送达承包人项目经理或经项目经理授权接收的人员。因监理人未能按合同约定发出指示、指示延误或发出了错误指示而导致承包人费用增加和（或）工期延误的，由发包人承担相应责任。除专用合同条款另有约定外，总监理工程师不应将约定应由总监理工程师作出确定的权力授权或委托给其他监理人员。

承包人对监理人发出的指示有疑问的，应向监理人提出书面异议，监理人应在48小时内对该指示予以确认、更改或撤销，监理人逾期未回复的，承包人有权拒绝执行上述指示。

监理人对承包人的任何工作、工程或其采用的材料和工程设备未在约定的或合理的期限内提出意见的，视为批准，但不免除或减轻承包人对该工作、工程、材料、工程设备等应承担的责任和义务。

（4）商定或确定　合同当事人进行商定或确定时，总监理工程师应当会同合同当事人尽量通过协商达成一致，不能达成一致的，由总监理工程师按照合同约定审慎作出公正的确定。

总监理工程师应将确定以书面形式通知发包人和承包人，并附详细依据。合同当事人对总监理工程师的确定没有异议的，按照总监理工程师的确定执行。任何一方合同当事人有异议，按照约定处理。争议解决前，合同当事人暂按总监理工程师的确定执行；争议解决后，争议解决的结果与总监理工程师的确定不一致的，按照争议解决的结果执行，由此造成的损失由责任人承担。

4.承包人项目经理

（1）项目经理的产生与责任　项目经理应为合同当事人所确认的人选，并在专用合同条款中明确项目经理的姓名、职称、注册执业证书编号、联系方式及授权范围等事项，项目经理经承包人授权后代表承包人负责履行合同。项目经理应是承包人正式聘用的员工，承包人应向发包人提交项目经理与承包人之间的劳动合同，以及承包人为项目经理缴纳社会保险的有效证明。承包人不提交上述文件的，项目经理无权履行职责，发包人有权要求更换项目经理，由此增加的费用和（或）延误的工期由承包人承担。

项目经理应常驻施工现场，且每月在施工现场时间不得少于专用合同条款约定的天数。项目经理不得同时担任其他项目的项目经理。项目经理确需离开施工现场时，应事先通知监理人，并取得发包人的书面同意。项目经理的通知中应当载明临时代行其职责的人员的注册执业资格、管理经验等资料，该人员应具备履行相应职责的能力。

承包人违反上述约定的，应按照专用合同条款的约定，承担违约责任。

（2）项目经理的职责　项目经理按合同约定组织工程实施。在紧急情况下为确保施工安全和人员安全，在无法与发包人代表和总监理工程师及时取得联系时，项目经理有权采取必要的措施保证与工程有关的人身、财产和工程的安全，但应在48小时内向发包人代表和总监理工程师提交书面报告。

（3）项目经理的更换　承包人需要更换项目经理的，应提前14天书面通知发包人和监理人，并征得发包人书面同意。通知中应当载明继任项目经理的注册执业资格、管理经验等资料，继任项目经理继续履行项目经理约定的职责。未经发包人书面同意，承包人不得擅自更换项目经理。承包人擅自更换项目经理的，应按照专用合同条款的约定承担违约责任。

发包人有权书面通知承包人更换其认为不称职的项目经理，通知中应当载明要求更换的理由。承包人应在接到更换通知后14天内向发包人提出书面的改进报告。发包人收到改进报告后仍要求更换的，承包人应在接到第二次更换通知的28天内进行更换，并将新任命的项目经理的注册执业资格、管理经验等资料书面通知发包人。继任项目经理继续履行约定的职责。承包人无正当理由拒绝更换项目经理的，应按照专用合同条款的约定承担违约责任。

（4）项目经理的授权 项目经理因特殊情况授权其下属人员履行其某项工作职责的，该下属人员应具备履行相应职责的能力，并应提前7天将上述人员的姓名和授权范围书面通知监理人，并征得发包人书面同意。

三、施工进度和工期

1. 施工组织设计

（1）施工组织设计的内容 施工组织设计应包含以下内容：

① 施工方案；

② 施工现场平面布置图；

③ 施工进度计划和保证措施；

④ 劳动力及材料供应计划；

⑤ 施工机械设备的选用；

⑥ 质量保证体系及措施；

⑦ 安全生产、文明施工措施；

⑧ 环境保护、成本控制措施；

⑨ 合同当事人约定的其他内容。

（2）施工组织设计的提交和修改 除专用合同条款另有约定外，承包人应在合同签订后14天内，但至迟不得晚于开工通知载明的开工日期前7天，向监理人提交详细的施工组织设计，并由监理人报送发包人。除专用合同条款另有约定外，发包人和监理人应在监理人收到施工组织设计后7天内确认或提出修改意见。对发包人和监理人提出的合理意见和要求，承包人应自费修改完善。根据工程实际情况需要修改施工组织设计的，承包人应向发包人和监理人提交修改后的施工组织设计。

施工进度计划的编制和修改按照施工进度计划执行。

2. 施工进度计划

（1）施工进度计划的编制 承包人应按照施工组织设计约定提交详细的施工进度计划，施工进度计划的编制应当符合国家法律规定和一般工程实践惯例，施工进度计划经发包人批准后实施。施工进度计划是控制工程进度的依据，发包人和监理人有权按照施工进度计划检查工程进度情况。

（2）施工进度计划的修订 施工进度计划不符合合同要求或与工程的实际进度不一致的，承包人应向监理人提交修订的施工进度计划，并附具有关措施和相关资料，由监理人报送发包人。除专用合同条款另有约定外，发包人和监理人应在收到修订的施工进度计划后7天内完成审核和批准或提出修改意见。发包人和监理人对承包人提交的施工进度计划的确认，不能减轻或免除承包人根据法律规定和合同约定应承担的任何责任或义务。

3. 开工

（1）开工准备 除专用合同条款另有约定外，承包人应按照施工组织设计约定的期限，向监理人提交工程开工报审表，经监理人报发包人批准后执行。开工报审表应详细说明按施工进度计划正常施工所需的施工道路、临时设施、材料、工程设备、施工设备、施工人员等落实情况以及工程的进度安排。

除专用合同条款另有约定外，合同当事人应按约定完成开工准备工作。

（2）开工通知　发包人应按照法律规定获得工程施工所需的许可。经发包人同意后，监理人发出的开工通知应符合法律规定。监理人应在计划开工日期 7 天前向承包人发出开工通知，工期自开工通知中载明的开工日期起算。

除专用合同条款另有约定外，因发包人原因造成监理人未能在计划开工日期之日起 90 天内发出开工通知的，承包人有权提出价格调整要求，或者解除合同。发包人应当承担由此增加的费用和（或）延误的工期，并向承包人支付合理利润。

4. 测量放线

① 除专用合同条款另有约定外，发包人应在至迟不得晚于开工通知载明的开工日期前 7 天通过监理人向承包人提供测量基准点、基准线和水准点及其书面资料。发包人应对其提供的测量基准点、基准线和水准点及其书面资料的真实性、准确性和完整性负责。

承包人发现发包人提供的测量基准点、基准线和水准点及其书面资料存在错误或疏漏的，应及时通知监理人。监理人应及时报告发包人，并会同发包人和承包人予以核实。发包人应就如何处理和是否继续施工作出决定，并通知监理人和承包人。

② 承包人负责施工过程中的全部施工测量放线工作，并配置具有相应资质的人员、合格的仪器、设备和其他物品。承包人应矫正工程的位置、标高、尺寸或准线中出现的任何差错，并对工程各部分的定位负责。

施工过程中对施工现场内水准点等测量标志物的保护工作由承包人负责。

5. 工期延误

（1）因发包人原因导致工期延误　在合同履行过程中，因下列情况导致工期延误和（或）费用增加的，由发包人承担由此延误的工期和（或）增加的费用，且发包人应支付承包人合理的利润：

① 发包人未能按合同约定提供图纸或所提供图纸不符合合同约定的；

② 发包人未能按合同约定提供施工现场、施工条件、基础资料、许可、批准等开工条件的；

③ 发包人提供的测量基准点、基准线和水准点及其书面资料存在错误或疏漏的；

④ 发包人未能在计划开工日期之日起 7 天内同意下达开工通知的；

⑤ 发包人未能按合同约定日期支付工程预付款、进度款或竣工结算款的；

⑥ 监理人未按合同约定发出指示、批准等文件的；

⑦ 专用合同条款中约定的其他情形。

因发包人原因未按计划开工日期开工的，发包人应按实际开工日期顺延竣工日期，确保实际工期不低于合同约定的工期总日历天数。因发包人原因导致工期延误需要修订施工进度计划的，按照施工进度计划的修订执行。

（2）因承包人原因导致工期延误　因承包人原因造成工期延误的，可以在专用合同条款中约定逾期竣工违约金的计算方法和逾期竣工违约金的上限。承包人支付逾期竣工违约金后，不免除承包人继续完成工程及修补缺陷的义务。

6. 不利物质条件

不利物质条件是指有经验的承包人在施工现场遇到的不可预见的自然物质条件、非自然的物质障碍和污染物，包括地表以下物质条件和水文条件以及专用合同条款约定的其他情形，但不包括气候条件。

承包人遇到不利物质条件时，应采取克服不利物质条件的合理措施继续施工，并及时通知发包人和监理人。通知应载明不利物质条件的内容以及承包人认为不可预见的理由。监理人经发包人同意后应当及时发出指示，指示构成变更的，按约定执行。承包人因采取合理措施而增加的费用和（或）延误的工期由发包人承担。

7. 异常恶劣的气候条件

异常恶劣的气候条件是指在施工过程中遇到的，有经验的承包人在签订合同时不可预见的，对合同履行造成实质性影响的，但尚未构成不可抗力事件的恶劣气候条件。合同当事人可以在专用合同条款中约定异常恶劣的气候条件的具体情形。

承包人应采取克服异常恶劣的气候条件的合理措施继续施工，并及时通知发包人和监理人。监理人经发包人同意后应当及时发出指示，指示构成变更的，按约定办理。承包人因采取合理措施而增加的费用和（或）延误的工期由发包人承担。

8. 暂停施工

（1）发包人原因引起的暂停施工　因发包人原因引起暂停施工的，监理人经发包人同意后，应及时下达暂停施工指示。情况紧急且监理人未及时下达暂停施工指示的，按照第紧急情况下的暂停施工执行。

因发包人原因引起的暂停施工，发包人应承担由此增加的费用和（或）延误的工期，并支付承包人合理的利润。

（2）承包人原因引起的暂停施工　因承包人原因引起的暂停施工，承包人应承担由此增加的费用和（或）延误的工期，且承包人在收到监理人复工指示后 84 天内仍未复工的，视为承包人无法继续履行合同的情形。

（3）指示暂停施工　监理人认为有必要时，并经发包人批准后，可向承包人作出暂停施工的指示，承包人应按监理人指示暂停施工。

（4）紧急情况下的暂停施工　因紧急情况需暂停施工，且监理人未及时下达暂停施工指示的，承包人可先暂停施工，并及时通知监理人。监理人应在接到通知后 24 小时内发出指示，逾期未发出指示，视为同意承包人暂停施工。监理人不同意承包人暂停施工的，应说明理由，承包人对监理人的答复有异议，按照约定处理。

（5）暂停施工后的复工　暂停施工后，发包人和承包人应采取有效措施积极消除暂停施工的影响。在工程复工前，监理人会同发包人和承包人确定因暂停施工造成的损失，并确定工程复工条件。当工程具备复工条件时，监理人应经发包人批准后向承包人发出复工通知，承包人应按照复工通知要求复工。

承包人无故拖延和拒绝复工的，承包人承担由此增加的费用和（或）延误的工期；因发包人原因无法按时复工的，按照约定办理。

（6）暂停施工持续 56 天以上　监理人发出暂停施工指示后 56 天内未向承包人发出复工通知，除该项停工属于约定的情形外，承包人可向发包人提交书面通知，要求发包人在收到书面通知后 28 天内准许已暂停施工的部分或全部工程继续施工。发包人逾期不予批准的，则承包人可以通知发包人，将工程受影响的部分视为可取消工作。

暂停施工持续 84 天以上不复工的，且不属于承包人原因引起的暂停施工及不可抗力约定的情形，并影响到整个工程以及合同目的实现的，承包人有权提出价格调整要求，或者解除合同。解除合同的，按照因发包人违约解除合同执行。

（7）暂停施工期间的工程照管　暂停施工期间，承包人应负责妥善照管工程并提供安全保障，由此增加的费用由责任方承担。

（8）暂停施工的措施　暂停施工期间，发包人和承包人均应采取必要的措施确保工程质量及安全，防止因暂停施工扩大损失。

9. 提前竣工

① 发包人要求承包人提前竣工的，发包人应通过监理人向承包人下达提前竣工指示，承包人应向发包人和监理人提交提前竣工建议书，提前竣工建议书应包括实施的方案、缩短的时间、增加的合同价格等内容。发包人接受该提前竣工建议书的，监理人应与发包人和承包人协商采取加快工程进度的措施，并修订施工进度计划，由此增加的费用由发包人承担。承包人认为提前竣工指示无法执行的，应向监理人和发包人提出书面异议，发包人和监理人应在收到异议后 7 天内予以答复。任何情况下，发包人不得压缩合理工期。

② 发包人要求承包人提前竣工，或承包人提出提前竣工的建议能够给发包人带来效益的，合同当事人可以在专用合同条款中约定提前竣工的奖励。

四、施工质量和检验

1. 质量要求

① 工程质量标准必须符合现行国家有关工程施工质量验收规范和标准的要求。有关工程质量的特殊标准或要求由合同当事人在专用合同条款中约定。

② 因发包人原因造成工程质量未达到合同约定标准的，由发包人承担由此增加的费用和（或）延误的工期，并支付承包人合理的利润。

③ 因承包人原因造成工程质量未达到合同约定标准的，发包人有权要求承包人返工直至工程质量达到合同约定的标准为止，并由承包人承担由此增加的费用和（或）延误的工期。

2. 质量保证措施

（1）发包人的质量管理　发包人应按照法律规定及合同约定完成与工程质量有关的各项工作。

（2）承包人的质量管理　承包人按照约定向发包人和监理人提交工程质量保证体系及措施文件，建立完善的质量检查制度，并提交相应的工程质量文件。对于发包人和监理人违反法律规定和合同约定的错误指示，承包人有权拒绝实施。

承包人应对施工人员进行质量教育和技术培训，定期考核施工人员的劳动技能，严格执行施工规范和操作规程。

承包人应按照法律规定和发包人的要求，对材料、工程设备以及工程的所有部位及其施工工艺进行全过程的质量检查和检验，并作详细记录，编制工程质量报表，报送监理人审查。此外，承包人还应按照法律规定和发包人的要求，进行施工现场取样试验、工程复核测量和设备性能检测，提供试验样品、提交试验报告和测量成果以及其他工作。

（3）监理人的质量检查和检验　监理人按照法律规定和发包人授权对工程的所有部位及其施工工艺、材料和工程设备进行检查和检验。承包人应为监理人的检查和检验提供方便，包括监理人到施工现场，或制造、加工地点，或合同约定的其他地方进行察看和查阅施工原始记录。监理人为此进行的检查和检验，不免除或减轻承包人按照合同约定应当承担的责任。

监理人的检查和检验不应影响施工正常进行。监理人的检查和检验影响施工正常进行的，且经检查检验不合格的，影响正常施工的费用由承包人承担，工期不予顺延；经检查检验合格的，由此增加的费用和（或）延误的工期由发包人承担。

3. 隐蔽工程检查

（1）承包人自检　承包人应当对工程隐蔽部位进行自检，并经自检确认是否具备覆盖条件。

（2）检查程序　除专用合同条款另有约定外，工程隐蔽部位经承包人自检确认具备覆盖条件的，承包人应在共同检查前48小时书面通知监理人检查，通知中应载明隐蔽检查的内容、时间和地点，并应附有自检记录和必要的检查资料。

监理人应按时到场并对隐蔽工程及其施工工艺、材料和工程设备进行检查。经监理人检查确认质量符合隐蔽要求，并在验收记录上签字后，承包人才能进行覆盖。经监理人检查质量不合格的，承包人应在监理人指示的时间内完成修复，并由监理人重新检查，由此增加的费用和（或）延误的工期由承包人承担。

除专用合同条款另有约定外，监理人不能按时进行检查的，应在检查前24小时向承包人提交书面延期要求，但延期不能超过48小时，由此导致工期延误的，工期应予以顺延。监理人未按时进行检查，也未提出延期要求的，视为隐蔽工程检查合格，承包人可自行完成覆盖工作，并作相应记录报送监理人，监理人应签字确认。监理人事后对检查记录有疑问的，可按重新检查项的约定重新检查。

（3）重新检查　承包人覆盖工程隐蔽部位后，发包人或监理人对质量有疑问的，可要求承包人对已覆盖的部位进行钻孔探测或揭开重新检查，承包人应遵照执行，并在检查后重新覆盖恢复原状。经检查证明工程质量符合合同要求的，由发包人承担由此增加的费用和（或）延误的工期，并支付承包人合理的利润；经检查证明工程质量不符合合同要求的，由此增加的费用和（或）延误的工期由承包人承担。

（4）承包人私自覆盖　承包人未通知监理人到场检查，私自将工程隐蔽部位覆盖的，监理人有权指示承包人钻孔探测或揭开检查，无论工程隐蔽部位质量是否合格，由此增加的费用和（或）延误的工期均由承包人承担。

4. 不合格工程的处理

① 因承包人原因造成工程不合格的，发包人有权随时要求承包人采取补救措施，直至达到合同要求的质量标准，由此增加的费用和（或）延误的工期由承包人承担。无法补救的，按照约定执行。

② 因发包人原因造成工程不合格的，由此增加的费用和（或）延误的工期由发包人承担，并支付承包人合理的利润。

5. 质量争议检测

合同当事人对工程质量有争议的，由双方协商确定的工程质量检测机构鉴定，由此产生的费用及因此造成的损失，由责任方承担。

合同当事人均有责任的，由双方根据其责任分别承担。合同当事人无法达成一致的，按照约定执行。

复习题

1. 建设工程施工合同有哪些类型?

2. 如何选择合适的建设工程施工合同类型?

3. 简述《标准施工招标文件》中合同文件的组成及优先顺序。

4. 如何理解监理人的职责和权力?

5.《标准施工招标文件》中的发包人的工期延误和承包人的工期延误处理结果有何不同?

6. 对比分析《标准施工招标文件》和《建设工程施工合同(示范文本)》在质量控制上有何相同之处?

7. 对比分析《标准施工招标文件》和《建设工程施工合同(示范文本)》在工期控制上有何不同之处?

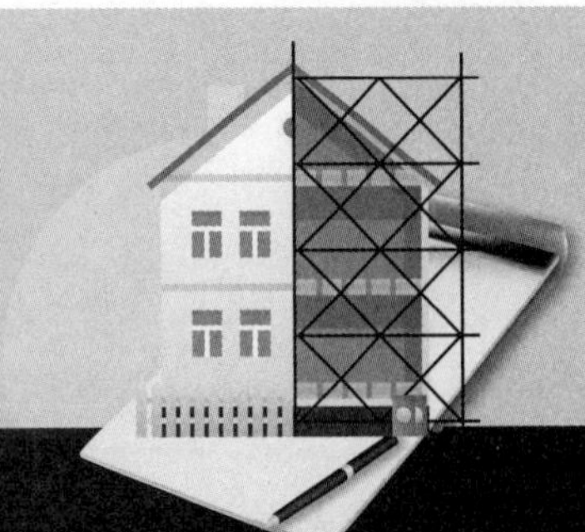

第七章 工程合同的变更与索赔

第一节　工程变更下的合同管理

一、工程变更的分类

由于工程建设的周期长、受自然条件和客观因素的影响大，工程的实际施工情况与招标投标时的工程情况相比往往会有一些变化。工程变更包括工程量变更、工程项目的变更（如发包人提出增加或者删减原项目内容）、进度计划的变更、施工条件的变更等。工程变更可以理解为是合同工程实施过程中由发包人提出或由承包人提出经发包人批准的合同工程的任何改变。

通常将工程变更分为设计变更和其他变更两大类。

（1）设计变更　在施工过程中如果发生设计变更，将对施工进度产生很大的影响。因此，应尽量减少设计变更，如果必须对设计进行变更，必须严格按照国家的规定和合同约定的程序进行。

由于发包人对原设计进行变更，以及经工程师同意的、承包人要求进行的设计变更，导致合同价款的增减及造成的承包人损失，由发包人承担，延误的工期相应顺延。

（2）其他变更　合同履行中发包人要求变更工程质量标准及发生其他实质性变更，由双方协商解决。包括项目特征不符、工程量清单缺项、工程量偏差、计日工等情况。

二、工程变更的范围

在不同的合同文本中规定的工程变更的范围可能会有所不同，以《建设工程施工合同（示范文本）》（GF-2017-0201）和《标准施工招标文件》（2007 版）为例，两者规定的工程变更范围的差异如表 7-1 所示。

表 7-1 不同合同文本中工程变更范围的差异

施工合同示范文本	标准施工招标文件
(1)增加或减少合同中任何工作,或追加额外的工作; (2)取消合同中任何工作,但转由他人实施的工作除外; (3)改变合同中任何工作的质量标准或其他特性; (4)改变工程的基线、标高、位置和尺寸; (5)改变工程的时间安排或实施顺序	(1)取消合同中任何一项工作,但被取消的工作不能转由发包人或其他人实施; (2)改变合同中任何一项工作的质量或其他特性; (3)改变合同工程的基线、标高、位置或尺寸; (4)改变合同中任何一项工作的施工时间或改变已批准的施工工艺或顺序; (5)为完成工程需要追加的额外工作

三、工程变更的处理要求

① 如果出现了必须变更的情况，应当尽快变更。如果变更不可避免，不论是停止施工等待变更指令，还是继续施工，无疑都会增加损失。

② 工程变更后，应当尽快落实变更。工程变更指令发出后，应当迅速落实指令，全面修改相关的各种文件。承包人也应当抓紧落实，如果承包人不能全面落实变更指令，则扩大的损失应当由承包人承担。

③ 对工程变更的影响应当作进一步分析。工程变更的影响往往是多方面的，影响持续的时间也往往较长，对此应当有充分的分析。

四、工程变更价款的确定

1. 变更后合同价款的确定程序

设计变更发生后，承包人在工程设计变更确定后 14 天内，提出变更工程价款的报告，经工程师确认后调整合同价款。工程设计变更确认后 14 天内，如承包人未提出适当的变更价格，则发包人可根据所掌握的资料决定是否调整合同价款和调整的具体金额。重大工程变更涉及工程价款变更报告和确认的时限由发承包双方协商确定。收到变更工程价款报告一方，应在收到之日起 14 天内予以确认或提出协商意见，自变更工程价款报告送达之日起 14 天内，对方未确认也未提出协商意见时，视为变更工程价款报告已被确认。

2. 变更后合同价款的确定方法

在工程变更确定后 14 天内，设计变更涉及工程价款调整的，由承包人向发包人提出，经发包人审核同意后调整合同价款。变更合同价款按照下列方法进行。

(1) 分部分项工程费的调整　因变更引起的价格调整按照下列原则处理。

① 已标价工程量清单中有适用于变更工程项目的，且工程变更导致的该清单项目的工程数量变化不足 15%时，采用该项目的单价。直接采用适用的项目单价的前提是其采用的材料、施工工艺和方法相同，也不因此增加关键线路上工程的施工时间。

② 已标价工程量清单中没有适用、但有类似于变更工程项目的，可在合理范围内参照类似项目的单价或总价调整。采用类似的项目单价的前提是其采用的材料、施工工艺和方法基本相似，不增加关键线路上工程的施工时间，可仅就其变更后的差异部分，参考类似的项目单价由发承包双方协商新的项目单价。

③ 已标价工程量清单中没有适用也没有类似于变更工程项目的，由承包人根据变更工

程资料、计量规则和计价办法、工程造价管理机构发布的信息（参考）价格和承包人报价浮动率，提出变更工程项目的单价或总价，报发包人确认后调整。承包人报价浮动率可按下列公式计算。

a. 实行招标的工程：

$$承包人报价浮动率 L=(1-中标价/最高投标限价)\times 100\% \quad (7\text{-}1)$$

b. 不实行招标的工程：

$$承包人报价浮动率 L=(1-报价值/施工图预算)\times 100\% \quad (7\text{-}2)$$

注：上述公式中的中标价、最高投标限价或报价值、施工图预算，均不含安全文明施工费。

④ 已标价工程量清单中没有适用也没有类似于变更工程项目，且工程造价管理机构发布的信息（参考）价格缺价的，由承包人根据变更工程资料、计量规则、计价办法和通过市场调查等有合法依据的市场价格提出变更工程项目的单价或总价，报发包人确认后调整。

（2）措施项目费的调整　工程变更引起措施项目发生变化的，承包人提出调整措施项目费的，应事先将拟实施的方案提交发包人确认，并详细说明与原方案措施项目相比的变化情况。拟实施的方案经发承包双方确认后执行。并应按照下列规定调整措施项目费。

① 安全文明施工费，按照实际发生变化的措施项目调整，不得浮动。

② 采用单价计算的措施项目费，按照实际发生变化的措施项目按前述分部分项工程费的调整方法确定单价。

③ 按总价（或系数）计算的措施项目费，除安全文明施工费外，按照实际发生变化的措施项目调整，但应考虑承包人报价浮动因素，即调整金额按照实际调整金额乘以按照式(7-1）或式(7-2）得出的承包人报价浮动率（L）计算。

如果承包人未事先将拟实施的方案提交给发包人确认，则视为工程变更不引起措施项目费的调整或承包人放弃调整措施项目费的权利。

（3）删减工程或工作的补偿　如果发包人提出的工程变更，非因承包人原因删减了合同中的某项原定工作或工程，致使承包人发生的费用或（和）得到的收益不能被包括在其他已支付或应支付的项目中，也未被包含在任何替代的工作或工程中，则承包人有权提出并得到合理的费用及利润补偿。

五、其他工程变更情况下的合同价款调整

1. 项目特征描述不符

（1）项目特征描述　项目的特征描述是确定综合单价的重要依据之一，承包人在投标报价时应依据发包人提供的招标工程量清单中的项目特征描述，确定其清单项目的综合单价。发包人在招标工程量清单中对项目特征的描述，应被认为是准确的和全面的，并且与实际施工要求相符合。承包人应按照发包人提供的招标工程量清单，根据其项目特征描述的内容及有关要求实施合同工程，直到其被改变为止。

（2）合同价款的调整方法　承包人应按照发包人提供的设计图纸实施合同工程，若在合同履行期间，出现设计图纸（含设计变更）与招标工程量清单任一项目的特征描述不符，且该变化引起该项目的工程造价增减变化的，发承包双方应当按照实际施工的项目特征，重新确定相应工程量清单项目的综合单价，调整合同价款。

2. 招标工程量清单缺项

（1）清单缺项漏项的责任　招标工程量清单必须作为招标文件的组成部分，其准确性和完整性由招标人负责。作为投标人的承包人不应承担因工程量清单的缺项、漏项以及计算错误带来的风险与损失。

（2）合同价款的调整方法

① 分部分项工程费的调整。施工合同履行期间，由于招标工程量清单中分部分项工程出现缺项漏项，造成新增工程清单项目的，应按照工程变更事件中关于分部分项工程费的调整方法，调整合同价款。

② 措施项目费的调整。由于招标工程量清单中分部分项工程出现缺项漏项，引起措施项目发生变化的，应当按照工程变更事件中关于措施项目费的调整方法，在承包人提交的实施方案被发包人批准后，调整合同价款；由于招标工程量清单中措施项目缺项，承包人应将新增措施项目实施方案提交发包人批准后，按照工程变更事件中的有关规定调整合同价款。

3. 工程量偏差

承包人根据发包人提供的图纸（包括由承包人提供经发包人批准的图纸）进行施工，按照现行国家计量规范规定的工程量计算规则，计算得到的完成合同工程项目应予计量的工程量与相应的招标工程量清单项目列出的工程量之间出现的量差，称为工程量偏差。

工程量出现偏差，或者因工程变更等非承包人原因导致工程量偏差，该偏差对工程量清单项目的综合单价将产生影响，是否调整综合单价以及如何调整，发承包双方应当在施工合同中约定。如果合同中没有约定或约定不明的，可以按以下原则办理。

（1）综合单价的调整原则　当应予计算的实际工程量与招标工程量清单出现偏差（包括因工程变更等原因导致的工程量偏差）超过15％时，对综合单价的调整原则为：当工程量增加15％以上时，其增加部分的工程量的综合单价应予调低；当工程量减少15％以上时，减少后剩余部分的工程量的综合单价应予调高。至于具体的调整方法，则应由双方当事人在合同专用条款中约定。

（2）措施项目费的调整　当应予计算的实际工程量与招标工程量清单出现偏差（包括因工程变更等原因导致的工程量偏差）超过15％，且该变化引起措施项目相应发生变化，如该措施项目是按系数或单一总价方式计价的，对措施项目费的调整原则为：工程量增加的，措施项目费调增；工程量减少的，措施项目费调减。至于具体的调整方法，则应由双方当事人在合同专用条款中约定。

4. 计日工

（1）计日工费用的产生　发包人通知承包人以计日工方式实施的零星工作，承包人应予执行。采用计日工计价的任何一项变更工作，承包人应在该项变更的实施过程中，按合同约定提交以下报表和有关凭证送发包人复核：

① 工作名称、内容和数量；

② 投入该工作所有人员的姓名、工种、级别和耗用工时；

③ 投入该工作的材料名称、类别和数量；

④ 投入该工作的施工设备型号、台数和耗用台时；

⑤ 发包人要求提交的其他资料和凭证。

（2）计日工费用的确认和支付　任一计日工项目实施结束，承包人应按照确认的计日工现场签证报告核实该类项目的工程数量，并根据核实的工程数量和承包人已标价工程量清单中的计日工单价计算，提出应付价款；已标价工程量清单中没有该类计日工单价的，由发承包双方按工程变更的有关规定商定计日工单价计算。

每个支付期末，承包人应与进度款同期向发包人提交本期间所有计日工记录的签证汇总表，以说明本期间自己认为有权得到的计日工金额，调整合同价款，列入进度款支付。

第二节 法规与物价变化及其他项目下的合同内容调整

发承包双方按照合同约定调整合同价款的若干事项，除工程变更类外，大致包括四大类：①法规变化类，主要包括法律法规变化事件；②物价变化类，主要包括物价波动、暂估价事件；③工程索赔类，主要包括不可抗力、提前竣工（赶工补偿）、误期赔偿、索赔等事件；④其他类，主要包括现场签证以及发承包双方约定的其他调整事项。

一、法规变化类合同价款调整事项

因国家法律、法规、规章和政策发生变化影响合同价款的风险，发承包双方应在合同中约定由发包人承担。

（1）基准日的确定　为了合理划分发承包双方的合同风险，施工合同中应当约定一个基准日，对于基准日之后发生的、作为一个有经验的承包人在招标投标阶段不可能合理预见的风险，应当由发包人承担。对于实行招标的建设工程，一般以施工招标文件中规定的提交投标文件的截止时间前的第 28 天作为基准日；对于不实行招标的建设工程，一般以建设工程施工合同签订前的第 28 天作为基准日。

（2）合同价款的调整方法　施工合同履行期间，国家颁布的法律、法规、规章和有关政策在合同工程基准日之后发生变化，且因执行相应的法律、法规、规章和政策引起工程造价发生增减变化的，合同双方当事人应当依据法律、法规、规章和有关政策的规定调整合同价款。但是，如果有关价格（如人工、材料和工程设备等价格）的变化已经包含在物价波动事件的调价公式中，则不再予以考虑。

（3）工期延误期间的特殊处理　如果由于承包人的原因导致的工期延误，在工程延误期间国家的法律、行政法规和相关政策发生变化引起工程造价变化的，造成合同价款增加的，合同价款不予调整；造成合同价款减少的，合同价款予以调整。

二、物价变化类合同价款调整事项

1. 物价波动

施工合同履行期间，因人工、材料、工程设备和施工机械台班等价格波动影响合同价款时，发承包双方可以根据合同约定的调整方法，对合同价款进行调整。因物价波动引起的合同价款调整方法有两种：一种是采用价格指数调整价格差额，另一种是采用造价信息调整价格差额。承包人采购材料和工程设备的，应在合同中约定主要材料、工程设备价格变化的范围或幅度，如没有约定，则材料、工程设备单价变化超过 5%，超过部分的价格按两种方法之一进行调整。

(1) 采用价格指数调整价格差额 采用价格指数调整价格差额的方法，主要适用于施工中所用的材料品种较少，但每种材料使用量较大的土木工程，如公路、水坝等。

① 价格调整公式。因人工、材料、工程设备和施工机械台班等价格波动影响合同价款时，根据投标函附录中的价格指数和权重表约定的数据，按以下价格调整公式计算差额并调整合同价款：

$$\Delta P = P_0\left[A+\left(B_1\times\frac{F_{t1}}{F_{01}}+B_2\times\frac{F_{t2}}{F_{02}}+B_3\times\frac{F_{t3}}{F_{03}}+\cdots+B_n\times\frac{F_{tn}}{F_{0n}}\right)-1\right] \tag{7-3}$$

式中 ΔP——需调整的价格差额；

P_0——根据进度付款、竣工付款和最终结清等付款证书中，承包人应得到的已完成工程量的金额，此项金额应不包括价格调整、不计质量保证金的扣留和支付、预付款的支付和扣回，变更及其他金额已按现行价格计价的，也不计在内；

A——定值权重（即不调部分的权重）；

$B_1, B_2, B_3, \cdots, B_n$——各可调因子的变值权重（即可调部分的权重）为各可调因子在投标函投标总报价中所占的比例；

$F_{t1}, F_{t2}, F_{t3}, \cdots\cdots, F_{tn}$——各可调因子的现行价格指数，指根据进度付款、竣工付款和最终结清等约定的付款证书相关周期最后一天的前 42 天的各可调因子的价格指数；

$F_{01}, F_{02}, F_{03}, \cdots, F_{0n}$——各可调因子的基本价格指数，指基准日的各可调因子的价格指数。

以上价格调整公式中的各可调因子、定值和变值权重，以及基本价格指数及其来源在投标函附录价格指数和权重表中约定。价格指数应首先采用工程造价管理机构提供的价格指数，缺乏上述价格指数时，可采用工程造价管理机构提供的价格代替。

在计算调整差额时得不到现行价格指数的，可暂用上一次价格指数计算，并在以后的付款中再按实际价格指数进行调整。

② 权重的调整。按变更范围和内容所约定的变更，导致原定合同中的权重不合理时，由承包人和发包人协商后进行调整。

③ 工期延误后的价格调整。由于发包人原因导致工期延误的，则对于计划进度日期（或竣工日期）后续施工的工程，在使用价格调整公式时，应采用计划进度日期（或竣工日期）与实际进度日期（或竣工日期）的两个价格指数中较高者作为现行价格指数。

由于承包人原因导致工期延误的，则对于计划进度日期（或竣工日期）后续施工的工程，在使用价格调整公式时，应采用计划进度日期（或竣工日期）与实际进度日期（或竣工日期）的两个价格指数中较低者作为现行价格指数。

(2) 采用造价信息调整价格差额 采用造价信息调整价格差额的方法，主要适用于使用的材料品种较多，相对而言每种材料使用量较小的房屋建筑与装饰工程。

施工合同履行期间，因人工、材料、工程设备和施工机械台班价格波动影响合同价格时，人工、施工机械使用费按照国家或省、自治区、直辖市建设行政管理部门、行业建设管理部门或其授权的工程造价管理机构发布的人工成本信息、施工机械台班单价或施工机械使用费系数进行调整；需要进行价格调整的材料，其单价和采购数应由发包人复核，发包人确认需调整的材料单价及数量，作为调整合同价款差额的依据。

① 人工单价的调整。人工单价发生变化时，发承包双方应按省级或行业建设主管部门或其授权的工程造价管理机构发布的人工成本文件调整合同价款。

② 材料和工程设备价格的调整。材料、工程设备价格变化的价款调整，按照承包人提供主要材料和工程设备一览表，根据发承包双方约定的风险范围，按以下规定进行调整。

第一，如果承包人投标报价中材料单价低于基准单价，工程施工期间材料单价涨幅以基准单价为基础超过合同约定的风险幅度值时，或材料单价跌幅以投标报价为基础超过合同约定的风险幅度值时，其超过部分按实调整。

第二，如果承包人投标报价中材料单价高于基准单价，工程施工期间材料单价跌幅以基准单价为基础超过合同约定的风险幅度值时，或材料单价涨幅以投标报价为基础超过合同约定的风险幅度值时，其超过部分按实调整。

第三，如果承包人投标报价中材料单价等于基准单价，工程施工期间材料单价涨、跌幅以基准单价为基础超过合同约定的风险幅度值时，其超过部分按实调整。

第四，承包人应当在采购材料前将采购数量和新的材料单价报发包人核对，确认用于本合同工程时，发包人应当确认采购材料的数量和单价。发包人在收到承包人报送的确认资料后 3 个工作日不予答复的，视为已经认可，作为调整合同价款的依据。如果承包人未报经发包人核对即自行采购材料，再报发包人确认调整合同价款的，如发包人不同意，则不作调整。

③ 施工机械台班单价的调整。施工机械台班单价或施工机械使用费发生变化超过省级或行业建设主管部门或其授权的工程造价管理机构规定的范围时，按照其规定调整合同价款。

2. 暂估价

暂估价是指招标人在工程量清单中提供的用于支付必然发生但暂时不能确定价格的材料、工程设备的单价以及专业工程的金额。

(1) 给定暂估价的材料、工程设备

① 不属于依法必须招标的项目。发包人在招标工程量清单中给定暂估价的材料和工程设备不属于依法必须招标的，由承包人按照合同约定采购，经发包人确认后以此为依据取代暂估价，调整合同价款。

② 属于依法必须招标的项目。发包人在招标工程量清单中给定暂估价的材料和工程设备属于依法必须招标的，由发承包双方以招标的方式选择供应商。依法确定中标价格后，以此为依据取代暂估价，调整合同价款。

(2) 给定暂估价的专业工程

① 不属于依法必须招标的项目。发包人在工程量清单中给定暂估价的专业工程不属于依法必须招标的，应按照前述工程变更事件的合同价款调整方法，确定专业工程价款。并以此为依据取代专业工程暂估价，调整合同价款。

② 属于依法必须招标的项目。发包人在招标工程量清单中给定暂估价的专业工程，依法必须招标的，应当由发承包双方依法组织招标选择专业分包人，并接受有管辖权的建设工程招标投标管理机构的监督。

除合同另有约定外，承包人不参加投标的专业工程，应由承包人作为招标人，但拟定的招标文件、评标方法、评标结果应报送发包人批准。与组织招标工作有关的费用应当被认为已经包括在承包人的签约合同价（投标总报价）中。

承包人参加投标的专业工程，应由发包人作为招标人，与组织招标工作有关的费用由发包人承担。同等条件下，应优先选择承包人中标。

专业工程依法进行招标后，以中标价为依据取代专业工程暂估价，调整合同价款。

三、工程索赔类合同价款调整事项

由于篇幅限制，该部分的调整事项不含索赔的内容。该部分内容详见本章第三节。

1. 不可抗力

(1) 不可抗力的范围　不可抗力是指合同双方在合同履行中出现的不能预见、不能避免并不能克服的客观情况。不可抗力的范围一般包括因战争、敌对行动（无论是否宣战）、入侵、外敌行为、军事政变、恐怖主义、骚动、暴动、空中飞行物坠落或其他非合同双方当事人责任或原因造成的罢工、停工、爆炸、火灾等，以及当地气象、地震、卫生等部门规定的情形。双方当事人应当在合同专用条款中明确约定不可抗力的范围以及具体的判断标准。

(2) 不可抗力造成损失的承担　因不可抗力事件导致的人员伤亡、财产损失及其费用增加，发承包双方应按以下原则分别承担并调整合同价款和工期：

① 合同工程本身的损害、因工程损害导致第三方人员伤亡和财产损失以及运至施工场地用于施工的材料和待安装的设备的损害，由发包人承担；

② 发包人、承包人人员伤亡由其所在单位负责，并承担相应费用；

③ 承包人的施工机械设备损坏及停工损失，由承包人承担；

④ 停工期间，承包人应发包人要求留在施工场地的必要的管理人员及保卫人员的费用由发包人承担；

⑤ 工程所需清理、修复费用，由发包人承担。

因发生不可抗力事件导致工期延误的，工期相应顺延。发包人要求赶工的，承包人应采取赶工措施，赶工费用由发包人承担。

2. 提前竣工（赶工补偿）与误期赔偿

(1) 提前竣工（赶工补偿）

① 赶工费用。发包人应当依据相关工程的工期定额合理计算工期，压缩的工期天数不得超过定额工期的20%，超过的，应在招标文件中明示增加赶工费用。赶工费用的主要内容包括：

a. 人工费的增加，例如新增加投入人工的报酬，不经济使用人工的补贴等；

b. 材料费的增加，例如可能造成不经济使用材料而损耗过大，材料提前交货可能增加的费用、材料运输费的增加等；

c. 施工机具使用费的增加，例如可能增加机械设备投入，不经济地使用机械等。

② 提前竣工奖励。发承包双方可以在合同中约定提前竣工的奖励条款，明确每日历天应奖励额度。约定提前竣工奖励的，如果承包人的实际竣工日期早于计划竣工日期，承包人有权向发包人提出并得到提前竣工天数和合同约定的每日历天应奖励额度的乘积计算的提前竣工奖励。一般来说，双方还应当在合同中约定提前竣工奖励的最高限额（如合同价款的5%）。提前竣工奖励列入竣工结算文件中，与结算款一并支付。

发包人要求合同工程提前竣工，应征得承包人同意后与承包人商定采取加快工程进度的措施，并修订合同工程进度计划。发包人应承担承包人由此增加的赶工费。发承包双方也可在合同中约定每日历天的赶工补偿额度，此项费用作为增加合同价款，列入竣工结算文件中，与结算款一并支付。

（2）误期赔偿　发承包双方可以在合同中约定误期赔偿费，明确每日历天应赔偿额度。如果承包人的实际进度迟于计划进度，发包人有权向承包人索取并得到实际延误天数和合同约定的每日历天应赔偿额度的乘积计算的误期赔偿费。一般来说，双方还应当在合同中约定误期赔偿费的最高限额（如合同价款的5%）。误期赔偿费列入进度款支付文件或竣工结算文件中，在进度款或结算款中扣除。

合同工程发生误期的，承包人应当按照合同的约定向发包人支付误期赔偿费，如果约定的误期赔偿费低于发包人由此造成的损失的，承包人还应继续赔偿。即使承包人支付误期赔偿费，也不能免除承包人按照合同约定应承担的任何责任和义务。

如果在工程竣工之前，合同工程内的某单项（或单位）工程已通过了竣工验收，且该单项（或单位）工程接收证书中表明的竣工日期并未延误，而是合同工程的其他部分产生了工期延误，则误期赔偿费应按照已颁发工程接收证书的单项（或单位）工程造价占合同价款的比例幅度予以扣减。

四、其他类合同价款调整事项

其他类合同价款调整事项主要指现场签证。现场签证是指发包人或其授权现场代表（包括工程监理人、工程造价咨询人）与承包人或其授权现场代表就施工过程中涉及的责任事件所作的签认证明。施工合同履行期间出现现场签证事件的，发承包双方应调整合同价款。

1. 现场签证的提出

承包人应发包人要求完成合同以外的零星项目、非承包人责任事件等工作的，发包人应及时以书面形式向承包人发出指令，提供所需的相关资料；承包人在收到指令后，应及时向发包人提出现场签证要求。

承包人在施工过程中，若发现合同工程内容因场地条件、地质水文、发包人要求等不一致时，应提供所需的相关资料，提交发包人签证认可，作为合同价款调整的依据。

2. 现场签证报告的确认

承包人应在收到发包人指令后的7天内，向发包人提交现场签证报告，发包人应在收到现场签证报告后的48小时内对报告内容进行核实，予以确认或提出修改意见。发包人在收到承包人现场签证报告后的48小时内未确认也未提出修改意见的，视为承包人提交的现场签证报告已被发包人认可。

3. 现场签证报告的要求

① 现场签证的工作如果已有相应的计日工单价，现场签证报告中仅列明完成该签证工作所需的人工、材料、工程设备和施工机械台班的数量。

② 如果现场签证的工作没有相应的计日工单价，应当在现场签证报告中列明完成该签证工作所需的人工、材料、工程设备和施工机械台班的数量及其单价。

现场签证工作完成后的7天内，承包人应按照现场签证内容计算价款，报送发包人确认后，作为增加合同价款，与进度款同期支付。

4. 现场签证的限制

合同工程发生现场签证事项，未经发包人签证确认，承包人便擅自实施相关工作的，除非征得发包人书面同意，否则发生的费用由承包人承担。

第三节　工程索赔

一、工程索赔的概念和分类

1. 工程索赔的概念

工程索赔是在工程承包合同履行中，当事人一方由于另一方未履行合同所规定的义务或者出现了应当由对方承担的风险而遭受损失时，向另一方提出赔偿要求的行为。在实际工作中，“索赔”是双向的，我国《标准施工招标文件》中的索赔就是双向的，既包括承包人向发包人的索赔，也包括发包人向承包人的索赔。在工程实践中，通常将承包商向业主的施工索赔称为“索赔”（claims），而将业主向承包商的施工索赔称为“反索赔”（counter claims）。

《民法典》第 577 条：当事人一方不履行合同义务或者履行合同义务不符合约定的，应当承担继续履行、采取补救措施或者赔偿损失等违约责任。

索赔有较广泛的含义，可以概括为如下 3 个方面：

① 一方违约使另一方蒙受损失，受损方向对方提出赔偿损失的要求；

② 发生应由业主承担责任的特殊风险或遇到不利自然条件等情况，使承包商蒙受较大损失而向业主提出补偿损失要求；

③ 承包商本人应当获得的正当利益，由于没能及时得到监理工程师的确认和业主应给予的支付，而以正式函件向业主索赔。

索赔是一种补偿行为，不是惩罚。

2. 工程索赔的分类

工程索赔依据不同的标准可以进行不同的分类。

（1）按索赔的合同依据分类　按索赔的合同依据可以将工程索赔分为合同中明示的索赔和合同中默示的索赔。

① 合同中明示的索赔。合同中明示的索赔是指承包人所提出的索赔要求，在该工程项目的合同文件中有文字依据，承包人可以据此提出索赔要求，并取得经济补偿。这些在合同文件中有文字规定的合同条款，称为明示条款。

② 合同中默示的索赔。合同中默示的索赔，即承包人的该项索赔要求，虽然在工程项目的合同条款中没有专门的文字叙述，但可以根据该合同的某些条款的含义，推论出承包人有索赔权。

（2）按索赔目的分类　按索赔目的可以将工程索赔分为工期索赔和费用索赔。

① 工期索赔。工期索赔一般是指工程合同履行过程中，由于非因自身原因造成工期延误，按照合同约定或法律规定，承包人向发包人提出合同工期补偿要求的行为。工期顺延的要求获得批准后，不仅可以免除承包人承担拖期违约赔偿金的责任，而且承包人还有可能因工期提前获得赶工补偿（或奖励）。

② 费用索赔。费用索赔是指工程承包合同履行中，当事人一方因非己方原因而遭受费用损失，按合同约定或法律规定应由对方承担责任，而向对方提出增加费用要求的行为。

（3）按照当事人主体分类

① 承包人与发包人之间的索赔。该类索赔发生在建设工程施工合同的双方当事人之间，既包括承包人向发包人的索赔，也包括发包人向承包人的索赔。但是在工程实践中，经常发生的索赔事件，大都是承包人向发包人提出的，本教材中所提及的索赔，如果未作特别说明，即是指此类情形。

② 总承包人和分包人之间的索赔。在建设工程分包合同履行过程中，索赔事件发生后，无论是发包人的原因还是总承包人的原因所致，分包人都只能向总承包人提出索赔要求，而不能直接向发包人提出。

（4）按索赔事件的性质分类　根据索赔事件的性质不同，可以将工程索赔分为以下几类。

① 工程延误索赔。因发包人未按合同要求提供施工条件，或因发包人指令工程暂停或不可抗力事件等原因造成工期拖延的，承包人可以向发包人提出索赔；如果由于承包人原因导致工期拖延，发包人可以向承包人提出索赔。

② 加速施工索赔。由于发包人指令承包人加快施工速度，缩短工期，引起承包人的人力、物力、财力的额外开支，承包人提出的索赔。

③ 工程变更索赔。由于发包人指令增加或减少工程量或增加附加工程、修改设计、变更工程顺序等，造成工期延长和（或）费用增加，承包人就此提出索赔。

④ 合同终止的索赔。由于发包人违约或发生不可抗力事件等原因造成合同非正常终止，承包人因其遭受经济损失而提出索赔。如果由于承包人的原因导致合同非正常终止，或者合同无法继续履行，发包人可以就此提出索赔。

⑤ 不可预见的不利条件索赔。承包人在工程施工期间，施工现场遇到一个有经验的承包人通常不能合理预见的不利施工条件或外界障碍，例如地质条件与发包人提供的资料不符，出现不可预见的地下水、地质断层、溶洞、地下障碍物等，承包人可以就因此遭受的损失提出索赔。

⑥ 不可抗力事件的索赔。工程施工期间，因不可抗力事件的发生而遭受损失的一方，可以根据合同中对不可抗力风险分担的约定，向对方当事人提出索赔。

⑦ 其他索赔。如因货币贬值、汇率变化、物价上涨、政策法令变化等原因引起的索赔。

二、工程索赔程序与计算

（一）《标准施工招标文件》规定的工程索赔程序

1. 索赔的提出

根据合同约定，承包人认为有权得到追加付款和（或）延长工期的，应按以下程序向发包人提出索赔。

① 承包人应在知道或应当知道索赔事件发生后 28 天内，向监理人递交索赔意向通知书，并说明发生索赔事件的事由。承包人未在前述 28 天内发出索赔意向通知书的，丧失要求追加付款和（或）延长工期的权利。

② 承包人应在发出索赔意向通知书后 28 天内，向监理人正式递交索赔通知书。索赔通知书应详细说明索赔理由以及要求追加的付款金额和（或）延长的工期，并附必要的记录和证明材料。

③ 索赔事件具有连续影响的，承包人应按合理时间间隔继续递交延续索赔通知，说明连续影响的实际情况和记录，列出累计的追加付款金额和（或）工期延长天数。在索赔事件影响结束后的 28 天内，承包人应向监理人递交最终索赔通知书，说明最终要求索赔的追加付款金额和延长的工期，并附必要的记录和证明材料。

2. 承包人索赔的处理程序

监理人收到承包人提交的索赔通知书后，应按照以下程序进行处理。

① 监理人收到承包人提交的索赔通知书后，应及时审查索赔通知书的内容、查验承包人的记录和证明材料，必要时监理人可要求承包人提交全部原始记录副本。

② 监理人应商定或确定追加的付款和（或）延长的工期，并在收到上述索赔通知书或有关索赔的进一步证明材料后的 42 天内，将索赔处理结果答复承包人。

③ 承包人接受索赔处理结果的，发包人应在作出索赔处理结果答复后 28 天内完成赔付。承包人不接受索赔处理结果的，按合同中争议解决条款的约定处理。

3. 承包人提出索赔的期限

承包人接受了竣工付款证书后，应被认为已无权再提出在合同工程接收证书颁发前所发生的任何索赔。承包人提交的最终结清申请单中，只限于提出工程接收证书颁发后发生的索赔。提出索赔的期限自接受最终结清证书时终止。

（二） FIDIC 合同条件规定的工程索赔程序

2017 年版 FIDIC 系列合同条件把索赔明确分为三类：

① 业主关于额外费用增加（或合同价格扣减）和（或）缺陷通知期（DNP）延长的索赔；

② 承包商关于额外费用增加和（或）工期延长（EOT）的索赔；

③ 合同一方向另一方要求或主张其他任何方面的权利或救济，包括对工程师（业主）给出的任何证书、决定、指示、通知、意见或估价等相关事宜的索赔，但不包含与上述第一类、第二类索赔有关的权利。

2017 年版 FIDIC 系列合同条件在其专用合同条件编写指南中指出，第三类索赔可以包括：对合同某一条款的解释；对已发现合同文件中模糊或矛盾地方的修改；索赔方提出的申诉；现场或工程实施所在地的进入；其他任何合同项下或与合同有关的权利，但不包括一方对另一方的支付和（或）EOT 或 DNP 的延长。

第三类索赔的起点并非为某一事件或情况的发生时点，而是业主和承包商对某一事项产生分歧，索赔方应在产生分歧一定合理的时间内，将索赔通知提交至工程师，该索赔通知应包含索赔事项以及分歧的内容，与前两种不同的是，工程师仅依据该索赔通知，无须提交正式索赔报告即可进行商定或决定。

如果任何一方认为其有权根据这些条件的任何条款或与合同有关的其他约定，获得另一方的任何额外付款（或就业主而言，合同价格的降低）和（或）工期索赔（就承包商而言）或延长缺陷通知期（就业主而言），索赔应按照以下程序进行处理。具体流程如图 7-1 所示。

1. 索赔通知

索赔方应尽快向工程师发出通知，说明引起缺陷通知期的费用、损失、延误或延期的事件或情况，为此尽快予以索赔。在其知道或应已知道事件或情况后 28 天内提出索赔（在这些情况下的“索赔通知”）。

如果索赔方未能在 28 天内发出索赔通知，则索赔方无权获得任何额外付款，合同价格不应降低（如果业主是索赔方）、完成时间（承包商为索赔方）或缺陷通知期（业主作为索

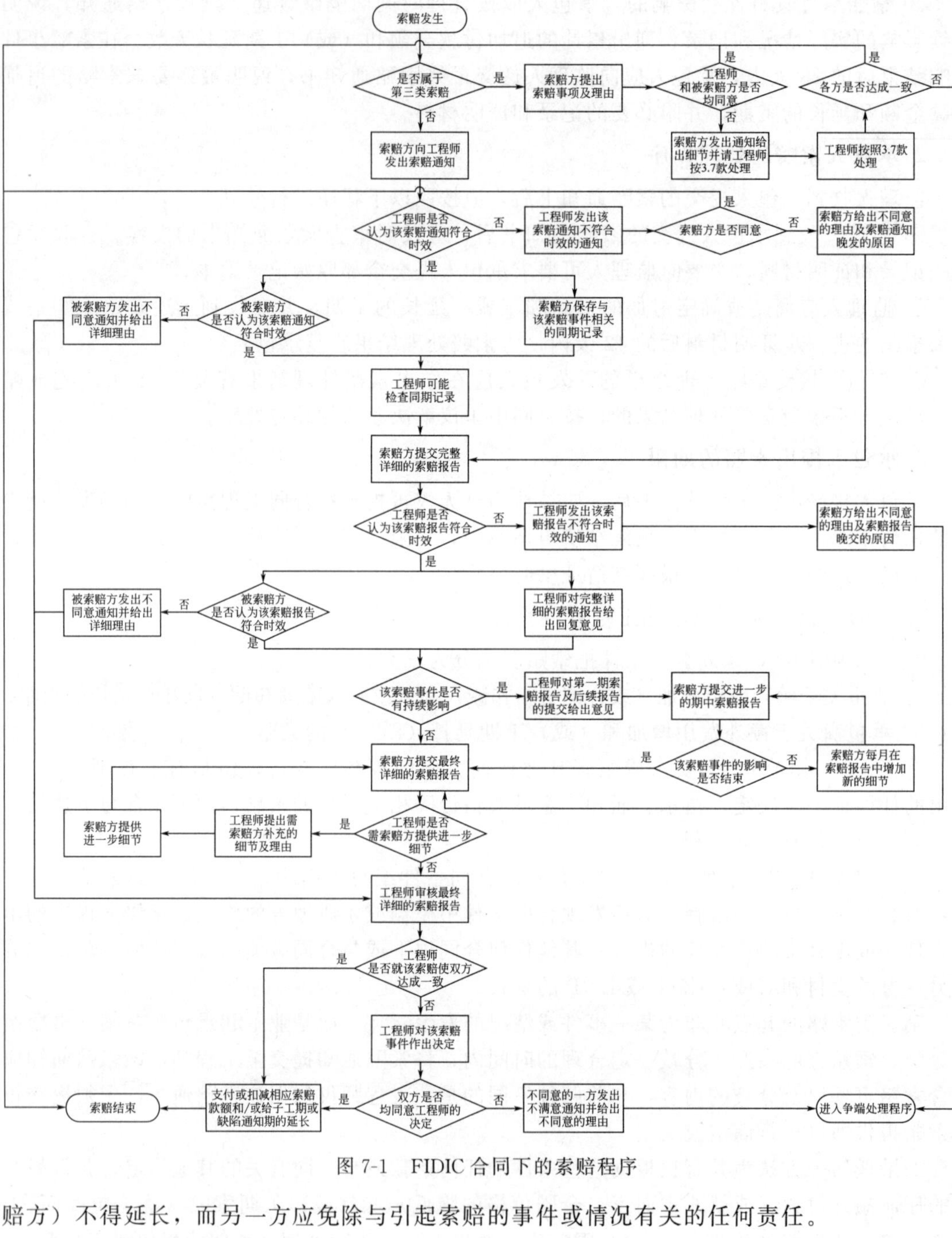

图 7-1　FIDIC 合同下的索赔程序

赔方）不得延长，而另一方应免除与引起索赔的事件或情况有关的任何责任。

2. 工程师的初步回复

如果工程师认为索赔方没有在根据 1 规定的 28 天期限内发出索赔通知，工程师应在收到索赔通知后 14 天内相应地（附理由）向索赔方发出通知。

如果工程师在这 14 天的期限内没有发出这样的通知，则索赔通知应被视为有效的通知。如果另一方不同意这种被认为有效的索赔通知，另一方应向工程师发出通知，其中应包括不同意的具体意见。此后，对索赔的商定或决定应包括工程师对这种分歧的审查。

如果索赔方收到工程师发出的通知，并不同意工程师的意见，或认为有情况证明有理由迟交索赔通知，则索赔方应在其根据 4 提出的全部详细索赔中列入这种分歧的细节，或说明逾期提交索赔原因是合理的（视情况）。

3. 同期记录

索赔方应保存必要的同期记录，以证实索赔。

在尚未确认雇主的责任的情况下，工程师可以监督承包商的同期记录和/或指示承包商保存更多的同期记录。承包商应允许工程师在正常工作时间（或承包商同意的其他时间）检查所有这些记录，并应在接到指示时向工程师提交副本。工程师的这种监督、检查或指示（如有）并不应意味着接受承包商当代记录的准确性或完整性。

4. 充分详细的索赔

“充分详细的索赔”是指提交下列材料：

① 对引起索赔的事件或情况的详细描述；

② 关于索赔的合同和/或其他法律依据的说明；

③ 索赔方所依据的全部同期记录；

④ 索赔的额外付款数额（或作为索赔方的业主的合同价格减少额）和/或工期索赔的详细资料（承包商的索赔）或索赔缺陷通知期的延期（业主的索赔）。

在索赔方知悉或本应知悉引起索赔的事件或情况后 84 天，或由索赔方提出并经工程师同意的其他期间（如有），索赔方须向工程师提交一份完整的详细索赔材料。如果索赔方在此期限内未提交②规定的陈述，则索赔通知应视为已失效，不再被视为有效通知，工程师应在此时限届满后 14 天内相应地向索赔方发出通知。

如果工程师在这 14 天的期限内没有发出这样的通知，则索赔通知应被视为有效的通知。如果另一方不同意这种被认为有效的索赔通知，另一方应向工程师发出通知，其中应包括不同意的详细资料。此后，对索赔的协议或决定应包括工程师对这种分歧的审查。

如果索赔方收到工程师发出的通知，如果索赔方不同意这一通知，或认为有情况证明有理由迟交上条②项下的陈述，则完整详细的索赔应包括索赔方不同意的详细材料或延迟提交的理由（视情况而定）。如果引起索赔的事件或情况具有持续影响，则适用 6。

5. 同意或确定索赔

（1）在根据 4 或 5 的规定接收到充分详细的索赔后，工程师应按照规定进行同意或确定：

① 索赔方有权获得的额外付款（如有），或降低合同价格（如雇主作为索赔方）；

② 根据（如果承包商作为索赔方）延长竣工时间（如有）（在其到期之前），或（业主作为索赔方）延长缺陷通知期（如有）。

（2）如果工程师已根据 2 和/或 4 发出通知，则索赔仍予以同意或确定。对索赔的商定或决定应包括是否应将索赔通知视为有效通知，同时考虑到索赔方不同意该通知的具体要求（如有），或迟交索赔资料的理由（视情况）。可以考虑的情况（但不具约束力）如下：

① 另一方会在多大程度上因接受迟交的索赔资料而受到损害；

② 在根据 1 规定的时限的情况下，另一方对此前所知道的导致索赔的事件或情况的任何证据都应包括在其支持的详细资料中；

③ 就 4 而言，另一方任何事先知道的索赔的合同和/或其他法律依据的证据，索赔方可

在其佐证详细资料中包括这些证据。

(3) 如果收到了根据4的充分详细的索赔，或者在根据6的索赔的情况下，工程师需要一份临时或最终的充分详细的索赔（视情况），工程师需提供必要的附加详情：

① 工程师应及时向索赔方发出通知，说明其需要的其他详细资料和需要的理由；

② 但是，应在规定的协商期限内，通过向索赔方发出通知，就索赔的合同或其他法律依据作出回复；

③ 索赔方在收到1规定的通知后，应尽快提交补充资料；

④ 随后，工程师应按照规定，商定或确定上述①和/或②项下的事项。

6. 如果引起索赔的事件或情况具有持续效力

① 根据4提交的充分详细的索赔应视为临时索赔；

② 关于第一份临时充分详细的索赔，工程师应在规定的商议期限内，向索赔方发出通知，说明索赔的合同或其他法律依据；

③ 在提交第一份临时充分索赔后，索赔方应按月间隔提交进一步的临时充分详细索赔，提供所要求的额外付款的累计数额（或者降低合同价格，如业主为索赔方）和/或要求延长工期（如果承包商是索赔方），或延长缺陷通知期（如果业主是索赔方）；

④ 索赔方应在由事件或条件产生的影响结束后28天内，或在由索赔方提出并经工程师同意的其他期限内提交最终充分详细的索赔。最终完全详细的索赔应提供所要求的额外付款的累计数额（或者降低合同价格，如业主为索赔方）和/或要求延长工期（如果承包商是索赔方），或延长缺陷通知期（如果业主是索赔方）。

（三）索赔的计算

1. 费用索赔

归纳起来，索赔费用的要素与工程造价的构成基本类似，一般可归结为人工费、材料费、施工机械使用费、分包费、施工管理费、利息、利润、保险费等。

(1) 人工费　人工费的索赔包括：由于完成合同之外的额外工作所花费的人工费用；超过法定工作时间加班劳动；法定人工费增长；非因承包商原因导致工效降低所增加的人工费用；非因承包商原因导致工程停工的人员窝工费和工资上涨费等。在计算停工损失中人工费时，通常采取人工单价乘以折算系数计算。

(2) 材料费　材料费的索赔包括：由于索赔事件的发生造成材料实际用量超过计划用量而增加的材料费；由于发包人原因导致工程延期期间的材料价格上涨和超期储存费用。材料费中应包括运输费、仓储费，以及合理的损耗费用。如果由于承包商管理不善，造成材料损坏失效，则不能列入索赔款项内。

(3) 施工机械使用费　施工机械使用费的索赔包括：由于完成合同之外的额外工作所增加的机械使用费；非因承包人原因导致工效降低所增加的机械使用费；由于发包人或工程师指令错误或迟延导致机械停工的台班停滞费。在计算机械设备台班停滞费时，不能按机械设备台班费计算，因为台班费中包括设备使用费。如果机械设备是承包人自有设备，一般按台班折旧费计算；如果是承包人租赁的设备，一般按台班租金加上每台班分摊的施工机械进出场费计算。

(4) 现场管理费　现场管理费的索赔包括承包人完成合同之外的额外工作以及由于发包人原因导致工期延期期间的现场管理费，包括管理人员工资、办公费、通信费、交通费等。

现场管理费索赔金额的计算公式为：

$$现场管理费索赔金额=索赔的直接成本费用\times现场管理费率 \tag{7-4}$$

其中，现场管理费率的确定可以选用下面的方法：①合同百分比法，即管理费比率在合同中规定；②行业平均水平法，即采用公开认可的行业标准费率；③原始估价法，即采用投标报价时确定的费率；④历史数据法，即采用以往相似工程的管理费率。

（5）总部（企业）管理费　总部管理费的索赔主要指的是由于发包人原因导致工程延期期间所增加的承包人向公司总部提交的管理费，包括总部职工工资、办公大楼折旧、办公用品、财务管理、通信设施以及总部领导人员赴工地检查指导工作等开支。总部管理费索赔金额的计算，目前还没有统一的方法。通常可采用以下几种方法。

① 按总部管理费的比率计算。

$$总部管理费索赔金额=(人材机费索赔金额+现场管理费索赔金额)\times总部管理费比率(\%) \tag{7-5}$$

其中，总部管理费的比率可以按照投标书中的总部管理费比率计算（一般为3%～8%），也可以按照承包人公司总部统一规定的管理费比率计算。

② 按已获补偿的工程延期天数为基础计算。该公式是在承包人已经获得工程延期索赔的批准后，进一步获得总部管理费索赔的计算方法。计算步骤如下。

a. 计算被延期工程应当分摊的总部管理费：

$$延期工程应分摊的总部管理费=同期公司计划总部管理费\times\frac{延期工程合同价格}{同期公司所有工程合同总价} \tag{7-6}$$

b. 计算被延期工程的日平均总部管理费：

$$延期工程的日平均总部管理费=\frac{延期工程应分摊的总部管理费}{延期工程计划工期} \tag{7-7}$$

c. 计算索赔的总部管理费：

$$索赔的总部管理费=延期工程的日平均总部管理费\times工程延期的天数 \tag{7-8}$$

（6）保险费　因发包人原因导致工程延期时，承包人必须办理工程保险、施工人员意外伤害保险等各项保险的延期手续，对于由此而增加的费用，承包人可以提出索赔。

（7）保函手续费　因发包人原因导致工程延期时，承包人必须办理相关履约保函的延期手续，对于由此而增加的手续费，承包人可以提出索赔。

（8）利息　利息的索赔包括：发包人拖延支付工程款利息；发包人迟延退还工程质量保证金的利息；承包人垫资施工的垫资利息；发包人错误扣款的利息等。至于具体的利率标准，双方可以在合同中明确约定，没有约定或约定不明的，可以按照中国人民银行发布的同期同类贷款利率计算。

（9）利润　一般来说，由于工程范围的变更、发包人提供的文件有缺陷或错误、发包人未能提供施工场地以及因发包人违约导致的合同终止等事件引起的索赔，承包人都可以列入利润。比较特殊的是，根据《标准施工招标文件》（2007年版）通用合同条款第11.3款的规定，对于因发包人原因暂停施工导致的工期延误，承包人有权要求发包人支付合理的利润。索赔利润的计算通常是与原报价单中的利润百分率保持一致。但是应当注意的是，由于工程量清单中的单价是综合单价，已经包含了人工费、材料费、施工机械使用费、企业管理费、利润以及一定范围内的风险费用，在索赔计算中不应重复计算。

由于一些引起索赔的事件，同时也可能是合同中约定的合同价款调整因素（如工程变更、法律法规的变化以及物价波动等），因此，对于已经进行了合同价款调整的索赔事件，承包人在费用索赔的计算时，不能重复计算。

（10）分包费用　由于发包人的原因导致分包工程费用增加时，分包人只能向总承包人提出索赔，但分包人的索赔款项应当列入总承包人对发包人的索赔款项中。分包费用索赔指的是分包人的索赔费用，一般也包括与上述费用类似的索赔内容。

根据《标准施工招标文件》中通用合同条款的内容，可以合理补偿承包人的条款如表 7-2 所示。

表 7-2　《标准施工招标文件》中承包人的索赔事件及可补偿内容

序号	条款号	索赔事件	可补偿内容		
			工期	费用	利润
1	1.6.1	迟延提供图纸			
2	1.10.1	施工中发现文物、古迹			
3	2.3	迟延提供施工场地			
4	3.4.5	监理人指令迟延或错误			
5	4.11	施工中遇到不利物质条件			
6	5.2.4	提前向承包人提供材料、工程设备			
7	5.2.6	发包人提供材料、工程设备不合格或迟延提供或变更交货地点			
8	5.4.3	发包人更换其提供的不合格材料、工程设备			
9	8.3	承包人依据发包人提供的错误资料导致测量放线错误			
10	9.2.6	因发包人原因造成承包人人员工伤事故			
11	11.3	因发包人原因造成工期延误			
12	11.4	异常恶劣的气候条件导致工期延误			
13	11.6	承包人提前竣工			
14	12.2	发包人暂停施工造成工期延误			
15	12.4.2	工程暂停后因发包人原因无法按时复工			
16	13.1.3	因发包人原因导致承包人工程返工			
17	13.5.3	监理人对已经覆盖的隐蔽工程要求重新检查且检查结果合格			
18	13.6.2	因发包人提供的材料、工程设备造成工程不合格			
19	14.1.3	承包人应监理人要求对材料、工程设备和工程重新检验且检验结果合格			
20	16.2	基准日后法律的变化			
21	18.4.2	发包人在工程竣工前提前占用工程			
22	18.6.2	因发包人的原因导致工程试运行失败			
23	19.2.3	工程移交后因发包人原因出现新的缺陷或损坏的修复			
24	19.4	工程移交后因发包人原因出现的缺陷修复后的试验和试运行			
25	21.3.1(4)	因不可抗力停工期间应监理人要求照管、清理、修复工程			
26	21.3.1(4)	因不可抗力造成工期延误			
27	22.2.2	因发包人违约导致承包人暂停施工			

2. 费用索赔的计算

索赔费用的计算应以赔偿实际损失为原则，包括直接损失和间接损失。索赔费用的计算方法通常有三种，即实际费用法、总费用法和修正的总费用法。

（1）实际费用法 实际费用法又称分项法，即根据索赔事件所造成的损失或成本增加，按费用项目逐项进行分析、计算索赔金额的方法。这种方法比较复杂，但能客观地反映施工单位的实际损失，比较合理，易于被当事人接受，在国际工程中被广泛采用。

由于索赔费用组成的多样化，不同原因引起的索赔，承包人可索赔的具体费用内容有所不同，必须具体问题具体分析。由于实际费用法所依据的是实际发生的成本记录或单据，所以，在施工过程中，系统而准确地积累记录资料是非常重要的。

（2）总费用法 总费用法，也被称为总成本法，就是当发生多次索赔事件后，重新计算工程的实际总费用，再从该实际总费用中减去投标报价时的估算总费用，即为索赔金额。总费用法计算索赔金额的公式如下：

$$索赔金额=实际总费用-投标报价估算总费用 \tag{7-9}$$

但是，在总费用法的计算方法中，没有考虑实际总费用中可能包括由于承包商的原因（如施工组织不善）而增加的费用，投标报价估算总费用也可能由于承包人为谋取中标而导致过低的报价，因此，总费用法并不十分科学。只有在难于精确地确定某些索赔事件导致的各项费用增加额时，总费用法才得以采用。

（3）修正的总费用法 修正的总费用法是对总费用法的改进，即在总费用计算的原则上，去掉一些不合理的因素，使其更为合理。修正的内容如下：

① 将计算索赔款的时段局限于受到索赔事件影响的时间，而不是整个施工期；

② 只计算受到索赔事件影响时段内的某项工作所受影响的损失，而不是计算该时段内所有施工工作所受的损失；

③ 与该项工作无关的费用不列入总费用中；

④ 对投标报价费用重新进行核算，即按受影响时段内该项工作的实际单价进行核算，乘以实际完成的该项工作的工程量，得出调整后的报价费用。

按修正后的总费用计算索赔金额的公式如下：

$$索赔金额=某项工作调整后的实际总费用-该项工作的报价费用 \tag{7-10}$$

修正的总费用法与总费用法相比，有了实质性的改进，它的准确程度已接近于实际费用法。

3. 工期索赔

（1）工期索赔中应当注意的问题

① 划清施工进度拖延的责任。因承包人的原因造成施工进度滞后，属于不可原谅的延期；只有承包人不应承担任何责任的延误，才是可原谅的延期。有时工程延期的原因中可能包含有双方责任，此时监理人应进行详细分析，分清责任比例，只有可原谅延期部分才能批准顺延合同工期。可原谅延期，又可细分为可原谅并给予补偿费用的延期和可原谅但不给予补偿费用的延期，后者是指非承包人责任的影响并未导致施工成本的额外支出，大多属于发包人应承担风险责任事件的影响，如异常恶劣的气候条件影响的停工等。

② 被延误的工作应是处于施工进度计划关键线路上的施工内容。只有位于关键线路上工作内容的滞后，才会影响到竣工日期。但有时也应注意，既要看被延误的工作是否在批准

进度计划的关键路线上，又要详细分析这一延误对后续工作的可能影响。因为若对非关键路线工作的影响时间较长，超过了该工作可用于自由支配的时间，也会导致进度计划中非关键路线转化为关键路线，其滞后将影响总工期的拖延。此时，应充分考虑该工作的自由时间，给予相应的工期顺延，并要求承包人修改施工进度计划。

（2）工期索赔的计算　工期索赔的计算主要有网络图分析和比例计算法两种。

① 网络分析法是利用进度计划的网络图，分析其关键线路。如果延误的工作为关键工作，则总延误的时间为批准顺延的工期；如果延误的工作为非关键工作，当该工作由于延误超过时差限制而成为关键工作时，可以批准延误时间与时差的差值；若该工作延误后仍为非关键工作，则不存在工期索赔问题。

② 比例计算法的公式。

应用于工程量有增加时工期索赔的计算时，公式为：

$$\text{工期索赔值}=\frac{\text{额外增加的工程量的价格}}{\text{原合同总价}}\times\text{原合同总工期} \tag{7-11}$$

应用于已知受干扰部分工程的延期时间时，公式为：

$$\text{工期索赔值}=\text{受干扰部分工期拖延时间}\times\frac{\text{受干扰部分工程的合同价格}}{\text{原合同总价}} \tag{7-12}$$

③ 直接法。如果某干扰事件直接发生在关键线路上，造成总工期的延误，可以直接将该干扰事件的实际干扰时间（延误时间）作为工期索赔值。

（3）共同延误的处理　在实际施工过程中，工期拖期很少是只由一方造成的，往往是两三种原因同时发生（或相互作用）而形成的，故称为“共同延误”。在这种情况下，要具体分析哪一种情况延误是有效的，应依据以下原则。

① 首先判断造成拖期的哪一种原因是最先发生的，即确定“初始延误”者，它应对工程拖期负责。在初始延误发生作用期间，其他并发的延误者不承担拖期责任。

② 如果初始延误者是发包人原因，则在发包人原因造成的延误期内，承包人既可得到工期延长，又可得到经济补偿。

③ 如果初始延误者是客观原因，则在客观因素发生影响的延误期内，承包人可以得到工期延长，但很难得到费用补偿。

④ 如果初始延误者是承包人原因，则在承包人原因造成的延误期内，承包人既不能得到工期补偿，也不能得到费用补偿。

【案例 7-1】 某工程原合同规定分两阶段进行施工，土建工程 21 个月，安装工程 12 个月。假定以一定量的劳动力需要量为相对单位，则合同规定的土建工程量可折算为 310 个相对单位，安装工程量折算为 70 个相对单位。合同规定，在工程量增减 15% 的范围内，作为承包商的工期风险，不能要求工期补偿。在工程施工过程中，土建和安装的工程量都有较大幅度的增加。实际土建工程量增加到 430 个相对单位，实际安装工程量增加到 117 个相对单位。求承包商可以提出的工期索赔额。

解析： 承包商提出的工期索赔为：

不索赔的土建工程量的上限为：310×1.15＝357（个相对单位）

不索赔的安装工程量的上限为：70×1.15＝81（个相对单位）

由于工程量增加而造成的工期延长：

土建工程工期延长＝21×（430/357－1）＝4.3（个月）

安装工程工期延长＝12×（117/81-1）＝5.3（个月）

总工期索赔为：4.3＋5.3＝9.6（个月）

【案例 7-2】 某工程施工合同中约定：合同工期为 30 周，合同价为 827.28 万元（含规费 38 万元），其中，管理费为直接费（分部分项工程和措施项目工程的人工费、材料费、机械费之和）的 18%，利润为直接费、管理费之和的 5%，营业税税率、城市维护建设税税率、教育费附加费率和地方教育附加费率分别为 3%、7%、3%和 2%；因通货膨胀导致价格上涨时，业主只对人工费、主要材料费和机械费（三项费用占合同价的比例分别为 22%、40%和 9%）进行调整；因设计变更产生的新增工程，业主既补偿成本又补偿利润。

该工程的 D 工作和 H 工作安排使用同一台施工机械，机械每天工作一个台班，机械台班单价为 1000 元/台班，台班折旧费为 600 元/台班。施工单位编制的施工进度计划，如图 7-2 所示。

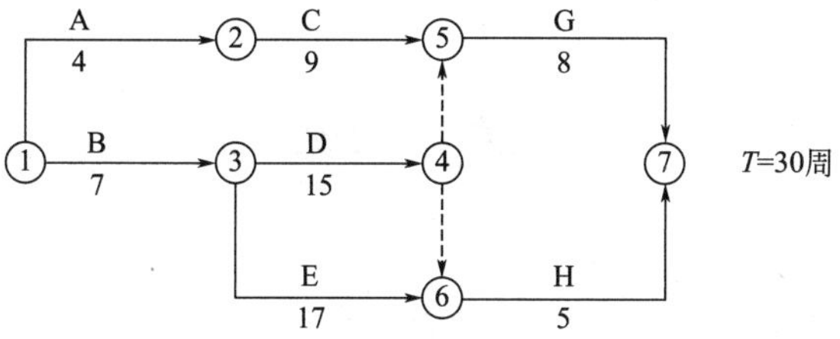

图 7-2　施工进度计划

施工过程中发生如下事件。

事件 1：考虑物价上涨因素，业主与施工单位协议对人工费、主要材料费和机械费分别上调 5%、6%和 3%。

事件 2：因业主设计变更新增 F 工作，F 工作为 D 工作的紧后工作，为 H 工作的紧前工作，持续时间为 6 周。经双方确认，F 工作的直接费（分部分项工程和措施项目工程的人工费、材料费、机械费之和）为 126 万元，规费为 8 万元。

事件 3：G 工作开始前，业主对 G 工作的部分施工图纸进行修改，由于未能及时提供给施工单位，致使 G 工作延误 6 周。经双方协商，仅对因业主延迟提供图纸而造成的工期延误，业主按原合同工期和价格确定分摊的每周管理费标准补偿施工单位管理费。

上述事件发生后，施工单位在合同规定的时间内向业主提出索赔并提供了相关资料。

1. 事件 1 中，调整后的合同价款为多少万元？

2. 事件 2 中，应计算 F 工作的工程价款为多少万元？

3. 事件 2 发生后，以工作表示的关键线路是哪一条？列式计算应批准延长的工期和可索赔的费用（不含 F 工作工程价款）。

4. 按合同工期分摊的每周管理费应为多少万元？发生事件 2 和事件 3 后，项目最终的工期是多少周？业主应批准补偿的管理费为多少万元？

解析： 1. 不调值部分占合同价比例：1－22%－40%－9%＝29%

调整后的合同价款为：827.28×(0.29＋1.05×22%＋1.06×40%＋1.03×9%)＝858.47（万元）

2. F 工作的工程价款为：

[126×(1＋18%)×(1＋5%)＋8]×1/[1－3%－(3%×7%)－(3%×3%)－(3%×2%)]＝169.82（万元）

3. 若仅发生事件2，关键线路为：B—D—F—H。

应批准延长的工期为：7＋15＋6＋5－30＝3（周）

增加F工作导致H工作较原计划晚开工4周，造成H工作机械窝工台班为：4×7＝28（台班），可索赔的费用为：28×600＝16800（元）。

4.（1）3%＋3%×7%＋3%×3%＋3%×2%＝3.36%

合同价中的税金为：827.28×3.36%＝27.80（万元）

合同价中的利润为：(827.28－27.80－38)×5%/(1＋5%)＝36.26（万元）

合同价中的管理费为：(827.28－27.80－38－36.26)×18%/(1＋18%)＝110.63（万元）

则每周分摊的管理费为：110.63/30＝3.69（万元/周）

项目最终工期为：7＋15＋8＋6＝36（周）

业主应批准补偿管理费的周数为：36－33＝3（周）

业主应补偿的管理费为：3.69×3＝11.07（万元）

复习题

1. 按照《标准施工招标文件》，出现工程变更后，如何如调整工程价款？
2. 何谓工程索赔？产生工程索赔的原因有哪些？
3. 简述工程索赔的分类。
4. 按照《标准施工招标文件》，工程索赔应遵循什么样的程序？
5. 按照FIDIC合同条件，工程索赔应遵循什么样的程序？

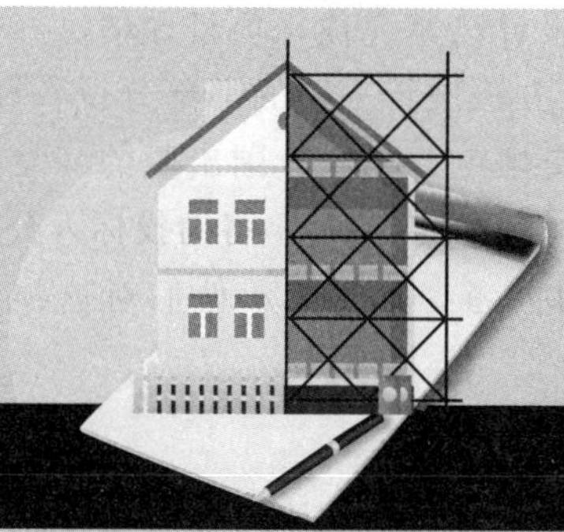

第八章 国际工程招投标及FIDIC合同条件

第一节 国际工程招投标

在国际工程中，通过招标投标选择承包商是最重要的发包方式，许多国际机构都制定了招标投标程序，其中世界银行的招标投标程序最为完善、最有影响、适用范围也最大。本节主要介绍世界银行的招标投标程序。

一、世界银行贷款项目的采购原则

世界银行贷款项目的采购原则和采购程序由《国际复兴开发银行贷款和国际开发协会信贷采购指南》(以下简称《采购指南》)规定，既适用于土建工程，也适用于货物和咨询服务。其基本原则如下。

① 在项目采购中，必须注意经济性和效率性。

② 世界银行贷款项目为合格的投标人承包项目提供平等的竞争机会，不论投标人来自发达国家还是发展中国家。

③ 世界银行作为一个开发机构，其贷款项目应促进借款国的制造业和承包业的发展。

二、国际竞争性招标

国际竞争性招标（international competitive bidding，ICB)，是指邀请世界银行成员国的承包商参加投标，从而确定最低评标价的投标人为中标人，并与之签订合同的整个程序和过程，是世界银行贷款项目采购程序的主要程序。

1. 总采购公告

公开通告投标机会是世界银行及其他国际开发机构所要求的，目的是使所有合格而有能力、符合要求的投标人不受歧视地能有公平的投标机会，同时使业主或购货人能进一步了解市场供应情况，有助于经济、有效地达到采购的目的。

世界银行要求，贷款项目中心以国际竞争性方式采购的货物和工程，借款人必须准备并交世界银行一份总采购公告。当某一项目的资金来源已经初步确定（如已初步确定由世界银行提供贷款，本国配套资金也已基本落实)，项目初步设计已经完成，项目评估已经或接近完成，在项目评估阶段已经确定了须以国际竞争性招标方法进行采购的那部分设备和工程，就可以准备一份总采购通告，并及早送交世界银行，安排免费在联合国出版的《发展商务报》上刊登。送交世界银行的时间最迟不应迟于招标文件已经准备好、将向投标人公开发售之前 60 天，以便及早安排刊登，使可能的投标人有时间考虑，并表示他们对这项采购的兴趣。

2. 资格预审和资格定审

凡采购大而复杂的工程，以及在例外情况下，采购专为用户设计的复杂设备或特殊服务，在正式投标前宜先进行资格预审，对投标人是否有资格和能力承包这项工程或制造这种设备先期进行审查，以便缩小投标人的范围。这样做也可以使不能胜任的承包商或供应商避免因准备投标而花费巨大的人力财力。一个项目的具体采购合同是否要进行资格预审，应由借款人和世界银行充分协商后，在贷款协定中明确规定。资格预审首先要确定投标人是否有投标资格（eligibility)，在有优惠待遇的情况下，也可确定其是否有资格享受本国或地区优惠待遇。

除了确定投标资格外，资格预审的目的是为了审定可能的投标人是否有能力承担该项采购任务。资格预审应预先规定评审标准及合格要求，并应将合同的规模和合格要求通知愿意参加预审的承包商或供应商。经过评审后，凡符合标准的，都应准予投标，而不应限定预审合格的投标人的数量。资格预审一结束，就应将招标文件发给预审合格的投标人，时间间隔不宜太长。因为相距时间太长，时过境迁，原来已合格的可能不再合格，原来不合格的可能又具备了合格条件，这样，正式投标时将不得不重新进行资格预审或至少再进行资格定审。如果在投标前未进行过资格预审，则应在评标后对标价最低、并拟授予合同的标书的投标人进行资格定审，以便审定他是否有足够的人力财力资源有效地实施采购合同。资格定审的标准应在招标文件中明确规定，其内容与资格预审的标准相同。如果评标价最低的投标人不符合资格要求，就应拒绝这一投标，而对次低标的投标人进行资格定审。

3. 准备招标文件

招标文件是评标及签订合同的依据。它向投标人提供与所需采购的货物或工程有关的一切情况、投标应注意的一切事项和评标的具体标准。它还规定了招标人与投标人之间的权利和义务，并提出了授予合同后业主与承包商或供应商之间的权利义务关系，作为今后签订正式合同的基础。招标文件的各项条款应符合《采购指南》的规定。世界银行虽然并不“批准”招标文件，但需其表示“无意见”（no objection）后招标文件才可以公开发售。在准备招标文件或世界银行审查过程中，也可能有忽略或产生错误。但招标文件一经制定，世界银行也已表示“无意见”，并已公开发售后，则除非有十分严重的不妥之处或错误，即使其中有些规定不符合《采购指南》，评标时也必须以招标文件为准。

招标文件的内容必须明白确切。应说明工程内容，工程所在地点，所需提供的货物，交货及安装地点，交货或竣工进程表，保修和维修要求，以及其他有关的条件和条款。如有必要，招标文件还应规定将采用的测试标准及方法，用以测定交付使用的设备是否符合规格要求。图纸与技术说明书内容必须一致。

招标文件还应说明在评标时除报价以外需考虑的其他因素，以及在评标时如何计量或用其他方法评定这些因素。如果允许对设计方案、使用原材料、支付条件、竣工日程等提出替代方案，招标文件应明确说明可以接受替代方案的条件和评标方法。招标文件发出后如有任何补充、澄清、勘误或更改，包括对投标人提出的问题所作出的答复，都必须在距投标截止期足够长的时间以前，发送原招标文件的每一个收件人。

4. 具体合同招标广告（投标邀请书）

除了总采购通告外，借款人应将具体合同的投标机会及时通知国际社会。为此，应及时刊登具体合同的招标广告，即投标邀请书。与总采购通告有所不同，这类具体合同招标广告不要求，但鼓励刊登在联合国《发展商务报》上。至少应刊登在借款人国内广泛发行的一种报纸上；如有可能，也应刊登在官方公报上。招标广告的副本，应转发给有可能提供所需采购的货物或工程的合格国家的驻当地代表（如使馆的商务处），也应发给那些看到总采购通告后表示感兴趣的国内外厂商。如系大型、专业性强或重要的合同，世界银行也可要求借款人把招标广告刊登在国际上发行很广的著名技术性杂志、报纸或贸易刊物上。

从发出广告到投标人作出反应之间应有充分时间，以便投标人进行准备。一般，从刊登招标广告或发售招标文件（两个时间中以较晚的时间为准）算起，给予投标商准备投标的时间不得少于 45 天。

对大型工程和复杂的设备，为了使预期的投标人熟悉情况，便于准备投标，应鼓励业主在投标前召集投标准备会议，组织现场考察，以求投标更切合实际。

5. 开标

在招标文件“投标人须知”中应明确规定投交标书地址、投标截止时间和开标时间及地点。投交标书的方式不得加以限制（如规定必须寄交某邮政信箱），以免延误。应该允许投标人亲自或派代表投交标书。开标时间一般应是投标截止时间或紧接在截止时之后。招标人应规定时间当众开标。应允许投标人或其代表出席开标会议，对每份标书都应当众读出其投标人、报价和交货或完工期；如果要求或允许提出替代方案，也应读出替代方案的报价及完工期。标书是否附有投标保证金或保函也应当众读出。不能因为标书未附投标保证金或保函而拒绝开启。标书的详细内容是不可能也不必全部读出的。开标应作出记录，列明到会人员及宣读的有关标书的内容。如果世界银行有要求，还应将记录的副本送交世界银行。开标时一般不允许提问或作任何解释，但允许记录和录音。

在投标截止期以后收到的标书，尤其是已经开始宣读标书以后收到的标书，不论出于何种原因，一般都可加以拒绝。

上述公开开标的程序是竞争性招标最常采用的开标程序。也是世界银行要求其贷款项目采用国际竞争性招标方法时必须遵循的程序。公开开标也有其他变通办法，例如“两个信封制度”（Two Envelope System），即要求投标书的技术性部分密封装入一个信封，而将报价装入另一个密封信封。第一次开标会时先开启技术性标书的信封；然后将各投标人的标书交评标委员会评比，视其是否在技术方面符合要求。这一步骤所需时间短至几小时，长至几个星期。如标书在技术上不符合要求，即通知该标书的投标人。第二次开标会时再将技术上符合要求的标书报价公开读出。技术上不符合要求的标书，其第二个信封不再开启。如果采购合同简单，两个信封也可能在一次会议上先后开启。

6. 评标

评标主要有审标、评标、资格定审三个步骤。

（1）审标　审标是先将各投标人提交的标书就一些技术性、程序性的问题加以澄清并初步筛选。例如，投标人是否具备投标资格，是否附有要求交纳的投标保证金，是否已按规定签字，是否在主要方面均符合招标文件提出的要求，是否有重大的计算错误，其他方面是否都符合规定等。

（2）评标　按招标文件所明确规定的标准和评标方法，评定各标书的评标价。评比时既要考虑报价，也要考虑其他因素。投标书如有各种与招标文件所列要求不重大的偏离者，应按招标文件规定办法在评标中加以计算。有些问题则可以通过双方一同举行澄清会议，寻求一致意见，加以解决。然后按评标价高低，由低至高，评定各标书的评标次序。

（3）资格定审　如果未经资格预审，则应对评标价最低的投标人进行资格定审。定审结果，如果认定他有资格，又有足够的人力、财力资源承担合同任务，就应报送世界银行，建议授予合同。如发现他不符合要求，则再对评标价次低的投标人进行资格定审。

评标只是对标书的报价和其他因素，以及标书是否符合招标程序要求和技术要求进行评比，而不是对投标人是否具备实施合同的经验、财务能力和技术能力的资格进行评审。对投标人的资格审查应在资格预审或定审中进行。评标考虑的因素中，不应把属于资格审查的内容包括进去。

7. 授予合同或拒绝所有投标

按照招标文件规定的标准，对所有符合要求的标书进行评标，得出结果后，应将合同授予标书评标价最低，并有足够的人力财力资源的投标人。在正式授予合同之前，借款人应将评标报告，连同授予合同的建议，送交世界银行审查，征得其同意。

招标文件一般都规定借款人有拒绝所有投标的权利。借款人在采取这样的行动之前应先与世界银行磋商。借款人不能仅仅为了希望以更低价格采购到所需设备或工程而拒绝所有投标，再以同样的技术规格要求重新招标。但如果评标价最低的投标报价也大大超出了原来的预算，则可以废弃所有投标而重新招标。或者，作为替代办法，可在废弃所有投标后再与最低标的投标人谈判协商，以求取得协议。如不成功，可与次低标的投标人谈判。如果所有投标均有重大方面不符合要求，或招标缺乏有效的竞争，借款人也可废弃所有投标而重新招标。

8. 合同谈判和签订合同

中标人确定后，应尽快通知中标的投标人准备谈判。在正式通知授予合同后，业主或购货人就须与承包商或供应商进行合同谈判。但合同谈判并不是重新谈判投标价格和合同双方的权利义务，因为对投标价格的必要的调整已在评标的过程中确定；双方间的权利义务以及其他有关商务条款，招标文件中都已明确规定。而且《采购指南》还规定："不应要求投标人承担技术规格书中没有规定的工作责任，也不得要求其修改投标内容作为授予合同的条件"。这就是说，合同价格是不容谈判的。也不得在谈判中要求投标人承担额外的任务。但有些技术性或商务性的问题是可以而且应该在谈判中确定的。如：①原招标文件中规定采购的设备、货物或工程的数量可能有所增减，合同总价也随之可按单价计算而有增减；②投标人的投标，对原招标文件中提出的各种标准及要求，总会有一些非重大性的差异。如技术规格上某些重大的差别，交货或完工时间提前或推迟，工程预付款的多少及支付条件，损失赔偿的具体规定，价格调整条款及所依据的指数的确定等，都应在谈判中进一步明确。

合同谈判结束，中标人接到授标信后，即应在规定时间内提交履约担保。双方应在投标有效期内签署合同正式文本，一式两份，双方各执一份，并将合同副本送世界银行。

9. 采购不当

如果借款人不按照借款人与世界银行在贷款协定中商定的采购程序进行采购，世界银行的政策就认为这种采购属于“采购不当”。世界银行将不支付货物或工程的采购价款，并将从贷款中取消原分配给此项采购的那一部分贷款额。

第二节　FIDIC 施工合同条件

一、概述

1. FIDIC 简介

FIDIC 是国际咨询工程师联合会（法文 Federation Internationale Des Inginieurs-Conseils）的缩写。FIDIC 创建于 1913 年，是国际工程咨询界最具权威的联合组织，中国工程咨询协会代表我国于 1996 年加入该组织。FIDIC 专业委员会编制了一系列规范性合同条件，不仅世界银行、亚洲开发银行、非洲开发银行等国际金融组织的贷款项目采用这些合同条件，一些国家的国际工程项目也常常采用 FIDIC 合同条件。

FIDIC 土木工程施工合同条件第一版于 1957 年颁布。根据国际工程承包实践的发展，FIDIC 每隔 10 年左右的时间对其编制的合同条件进行一次修订。1987 年，颁布了 FIDIC 合同条件第四版。1999 年，为了适应国际工程承包模式的发展，FIDIC 又将这些合同条件作了重大修改，以新的第一版的形式颁布了如下合同条件文本。

① 施工合同条件（Conditions of Contract for Construction，简称“新红皮书”）。

② 永久设备和设计-建造合同条件（Conditions of Contract for Plant and Design-Build，简称“新黄皮书”）。

③ EPC/交钥匙项目合同条件（Conditions of Contract for EPC/Turnkey Projects，简称“银皮书”）。

④ 合同的简短格式（Short Form of Contract，简称“绿皮书”）。

2017 年 12 月，发布了 2017 版系列合同条件，对 1999 版 FIDIC 系列标准合同条件进行了修订更新。

其中，在国际工程承包中比较常用的是 FIDIC 施工合同条件，它主要适用于土木工程施工。本节主要介绍 FIDIC 施工合同条件的主要内容。

2. FIDIC 合同条件的构成

FIDIC 合同条件由通用合同条件和专用合同条件两部分构成，且附有合同协议书、投标函和争端仲裁协议书。

（1）FIDIC 通用合同条件　FIDIC 通用条件是固定不变的，工程建设项目只要是属于房屋建筑或者工程的施工，如工民建工程、水电工程、路桥工程、港口工程等建设项目，都可适用。通用条件共分 21 方面的问题：一般规定，业主，工程师，承包商，指定分包商，职员与劳工，工程设备、材料和工艺，开工、延误及暂停，竣工检验，业主的接收，缺陷责任，计量与估价，变更与调整，合同价格与支付，最终支付证书的颁发，业主提出终止，承包商提出暂停与终止，对工程的照管与赔偿，例外事件，保险，索赔、争端与仲裁。通用条件可以适用于所有土木工程，其条款非常具体而明确。

（2）FIDIC专用合同条件　FIDIC在编制合同条件时，考虑到工程的具体特点和所在地区的情况可能予以必要的变动而设置了FIDIC专用合同条件。通用条件与专用条件一起构成了决定一个具体工程项目各方的权利义务及对工程施工的具体要求的合同条件。

① 专用条件中的条款的出现可起因于以下原因。

a. 在通用条件的措辞中专门要求在专用条件中包含进一步信息，如果没有这些信息，合同条件则不完整。

b. 在通用条件中提及在专用条件中可能包含有补充材料。但如果没有这些补充材料，合同条件仍不失其完整性。

c. 工程类型、环境或所在地区要求必须增加的条款。

d. 工程所在国法律或特殊环境要求通用条件所含条款有所变更。此类表述：在专用条件中说明通用条件的某条或某条的一部分予以删除，并根据具体情况给出适用的替代条款，或者条款之一部分。

② 专用合同条件起草的五项原则如下。

a. 合同所有参与方的职责、权利、义务、角色及责任一般都在通用条件中默示，并适应项目需求。

b. 专用条件的起草必须明确和清晰。

c. 专用条件不允许改变通用条件中风险与回报分配的平衡。

d. 合同规定的各参与方履行义务的时间必须合理。

e. 所有正式的争端在提交仲裁之前必须提交DAAB（争端避免/裁决委员会）取得具有临时性约束力的决定。

3. FIDIC合同条件的具体应用

FIDIC合同条件在应用时对工程类别、合同性质、前提条件等都有一定的要求。

（1）FIDIC合同条件适用的工程类别　FIDIC合同条件适用于房屋建筑和各种工程，其中包括工业与民用建筑工程、疏浚工程、土壤改善工程、道桥工程、水利工程、港口工程等。

（2）FIDIC合同条件适用的合同性质　FIDIC合同条件在传统上主要适用于国际工程施工。但对FIDIC合同条件进行适当修改后，同样也适用于国内合同。

（3）应用FIDIC合同条件的前提　FIDIC合同条件注重业主、承包商、工程师三方的关系协调，强调工程师在项目管理中的作用。在土木工程施工中应用FIDIC合同条件应具备以下前提。

① 通过竞争性招标确定承包商。

② 委托工程师对工程施工进行监理。

③ 按照单价合同方式编制招标文件（但也可以有些子项采用包干方式）。

4. FIDIC合同条件下合同文件的组成及优先次序

在FIDIC合同条件下，合同文件除合同条件外，还包括其他对业主、承包方都有约束力的文件。构成合同的这些文件应该是互相说明、互相补充的，但是这些文件有时会产生冲突或含义不清。此时，应由工程师进行解释，其解释应按构成合同文件的如下先后次序进行。

① 合同协议书。

② 中标函。

③ 投标书。

④ 专用条件。

⑤ 通用条件。

⑥ 规范。

⑦ 图纸。

⑧ 资料表和构成合同组成部分的其他文件。

二、 FIDIC 合同条件中的各方

FIDIC 合同条件中涉及的各方是指括业主、工程师、承包商和指定分包商。

1. 业主

业主是合同的当事人，在合同的履行过程中享有大量的权利并承担相应的义务。

① 业主应当在投标书附录中规定的时间（或几个时间）内给予承包商进入现场、占有现场各部分的权利。此项进入和占有权不可为承包商独享。

② 协作。业主应当根据承包商的请求，提供以下合理协助：取得与合同有关，但不易得到的工程所在国的法律文本；协助承包商申请工程所在国要求的许可、执照或批准。

③ 业主人员和其他承包商。业主应负责保证在现场的业主人员和其他承包商做到与承包商的各项努力进行合作。

④ 业主的资金安排。业主应当在收到承包商的任何要求 28 天内，提出其已做并将维持的资金安排的合理证明，说明业主能够按照规定支付合同价格。

⑤ 现场资料和参考项目。业主应在基准日期前向承包商提供关于现场地形和地下、水文、气候和环境状况的所有相关数据，供其参考。业主应及时向承包商提供在基准日期后业主拥有的所有此类数据。

⑥ 业主提供的材料和业主的设备。如果业主提供的材料和/或业主的设备列在承包商在实施工程时使用的规范中，业主应按照规范规定的具体内容、时间、安排、费率和价格向承包商提供这些材料和/或设备。

2. 工程师

工程师由业主任命，与业主签订咨询服务委托协议书，根据施工合同的约定，对工程的质量、进度和费用进行控制和监督，以保证工程项目的建设能满足合同的要求。工程师应具有适当资格、经验和能力根据合同担任工程师的专业工程师；以及能流利地使用主体语言。工程师应在双方之间采取中立行为，不得被视为代业主行事。

（1）工程师的职责和权力　业主任命工程师管理合同，工程师应当履行合同中规定的职责。工程师的职员应当是有能力履行这些职责的合格技术人员和其他专业人员。工程师可以行使合同中明文规定的或者必然隐含的赋予他的权力。如果要求工程师在行使规定权力前须得到业主批准，这些要求应当在专用条件中写明。但是，为了合同目的，工程师行使这些应当由业主批准但尚未批准的权力，应当视为业主已经予以批准。除得到承包商同意外，业主承诺不对工程师的权力作进一步的限制。工程师无权修改合同。

工程师在行使职责和权力时，还需要注意以下问题。

① 工程师履行或者行使合同规定或隐含的职责或权力时，应当视为代表业主执行。

② 工程师无权解除任何一方根据合同规定的任何任务、义务或者职责。

③ 工程师的任何批准、校核、证明、同意、检查、检验、指示、通知、建议、要求、试验或类似行动（包括未表示不批准），不应解除合同规定承包商的任何职责，包括对错误、遗漏、误差和未遵办的职责。

（2）工程师的代表　工程师可根据（3）指定工程师代表，并将在现场代表工程师行事所需的权力委托给他 / 她，但替换工程师代表的权力除外。

工程师代表（如指定）须遵守规定，并在工程整个施工期间须在现场。如果工程师的代表在工程施工期间暂时不在现场，工程师应指定一名合格、经验丰富和胜任的替换人员，并应向承包商发出更换通知。

（3）工程师的委托　工程师可以向其助手指派任务和委托权力。这些助手包括驻地工程师、被任命为检验和试验各项工程设备、材料的独立检查员。这些指派和委托应当使用书面形式，在双方收到书面通知后才生效。助手应是合适的合格人员，能够履行这些任务，行使这些权力，但助手只能在授权范围内向承包商发出指示。助手在授权范围内作出的任何批准、校核、证明、同意、检查、检验、指示、通知、建议、要求、试验或类似行动，应具有工程师作出的行动同样的效力。如承包商对助手的确定或者指示提出质疑，承包商可将此事项提交工程师，工程师应当及时对该确定或指示进行确认、取消或者改变。

（4）工程师的指示　工程师可在任何时间按照合同规定向承包商发出指示和实施工程和修补缺陷可能需要的附加或修正图纸，承包商应当接受这些指示。如果指示构成一项变更，则按照变更规定办理。一般情况下，这些指示应当采用书面形式。如果给出的是口头指示，在收到承包商的书面确认后 7 天内工程师仍未通过发出书面拒绝或进行答复，则应当确认工程师的口头指令为书面指令。

（5）工程师的替换　如果业主准备替换工程师，必须提前不少于 42 天发出通知以征得承包商的同意。如果要求工程师在行使某种权力之前需要获得业主批准，则必须在合同专用条件中加以限制。

3. 承包商

承包商是指其投标书已被业主接受的当事人，以及取得该当事人资格的合法继承人。承包商是合同的当事人，负责工程的施工。

（1）承包商的一般义务

① 承包商应当按照合同约定及工程师的指示，设计（在合同规定的范围内）、实施和完成工程，并修补工程中的任何缺陷。

② 承包商应提供合同规定的生产设备和承包商文件，以及此项设计、施工、竣工和修补缺陷所需的所有临时性或永久性的承包商人员、货物、消耗品及其他物品和服务。

③ 承包商应对所有现场作业、所有施工方法和全部工程的完备性、稳定性和安全性承担责任。除非合同另有规定，承包商对所有承包文件、临时工程、按照合同要求的每项生产设备和材料的设计承担责任，不应对其他永久工程的设计或规范负责。

④ 当工程师提出要求时，承包商应提交其建议采用的工程施工安排和方法的细节。

（2）承包商提供履约担保　承包商应当在收到中标函后 28 天内向业主提交履约担保，并向工程师送一份副本。履约担保可以分为企业法人提供的保证书和金融机构提供的保函两类。履约担保一般为不需承包商确认违约的无条件担保形式。履约担保应担保承包商圆满完成施工和保修的义务，而非到工程师颁发工程接收证书为止。但工程接收证书的颁发是对承包商按合同约定完满完成施工义务的证明，承包商还应承担的义务仅为保修义务，如果双方有约定的话，允许颁发整个工程的接收证书后将履约保函的担保金额减少一定的百分比。业主应当在收到履约证书副本后 21 天内，将履约担保退还承包商。

在下列情况下业主可以凭履约担保索赔。

① 专用条款内约定的缺陷通知期满后仍未能解除承包商的保修义务时，承包商应延长履约保函有效期而未延长。

② 按照业主索赔或争议、仲裁等决定，承包商未向业主支付相应款项。

③ 缺陷通知期内承包商接到业主修补缺陷通知后 42 天内未派人修补。

④ 由于承包商的严重违约行为业主终止合同。

(3) 承包商代表　承包商应当任命承包商代表，并授予其代表承包商根据合同采取行动所需的全部权力。承包商代表的任命应当取得工程师的同意。任命后，未经工程师同意，承包商不得撤销承包商代表的任命，或者任命替代人员。

(4) 关于分包　承包商不得将整个工程分包。承包商应当对分包商的行为或违约负责。

(5) 安全责任　承包商应当承担的安全责任如下：

① 遵守所有适用的安全规则；

② 负责有权在现场的所有人员的安全；

③ 努力清除现场和工程不需要的障碍物，以避免对人员造成危险；

④ 在工程竣工和移交前，提供围栏、照明、保卫和看守；

⑤ 因实施工程为公众和邻近土地所有人、占用人使用和提供保护，提供任何需要的临时工程。

(6) 中标金额的充分性　承包商应当被认为已经确信中标合同金额的正确性和充分性，中标合同金额应当包括根据合同承包商承担的全部义务，以及为正确地实施和完成工程并修补任何缺陷所需的全部有关事项。

4. 指定分包商

(1) 指定分包商的概念　指定分包商是由业主（或工程师）指定、选定，完成某项特定工作内容并与承包商签订分包合同的特殊分包商。业主有权将部分工程项目的施工任务或涉及提供材料、设备、服务等工作内容发包给指定分包商实施。合同内规定有承担施工任务的指定分包商，大多因业主在招标阶段划分合同包时，考虑到某部分施工的工作内容有较强的专业技术要求，一般承包单位不具备相应的能力，但如果以一个单独的合同对待又限于现场的施工条件或合同管理的复杂性，工程师无法合理地进行协调管理，为避免各独立合同之间的干扰，则只能将这部分工作发包给指定分包商实施。由于指定分包商是与承包商签订分包合同，因而在合同关系和管理关系方面与一般分包商处于同等地位，对其施工过程中的监督、协调工作纳入承包商的管理之中。指定分包工作内容可能包括部分工程的施工；供应工程所需的货物、材料、设备；设计；提供技术服务等。

(2) 对指定分包商的付款　为了不损害承包商的利益，给指定分包商的付款应从暂定金额内开支。承包商在每个月末报送工程进度款支付报表时，工程师有权要求他出示以前已按指定分包合同给指定分包商付款的证明。如果承包商没有合法理由而扣押了指定分包商上个月应得工程款，业主有权按工程师出具的证明从本月应得款内扣除这笔金额直接付给指定分包商。

三、施工合同的进度控制

1. 开工

一般情况下，开工日期应在承包商收到中标函后 42 天内开工，但工程师应在不少于 14 天前向承包商发出开工日期的通知。承包商应当在收到通知后的 28 天内，向工程师提交一份详细的进度计划。

2. 工程师对施工进度的监督

为了便于工程师对合同的履行进行有效的监督和管理以及协调各合同之间的配合，承包商每个月都应向工程师提交进度报告，说明前一阶段的进度情况和施工中存在的问题，以及下一阶段的实施计划和准备采取的相应措施。当工程师发现实际进度与计划进度严重偏离时，不论实际进度是超前还是滞后于计划进度，为了使进度计划有实际指导意义，随时有权指示承包商编制改进的施工进度计划，并再次提交工程师认可后执行，新进度计划将代替原来的计划。也允许在合同内明确规定，每隔一段时间（一般为 3 个月）承包商都要对施工计划进行一次修改，并经过工程师认可。按照合同条件的规定，工程师在管理中应注意以下两点。

① 不论因何方应承担责任的原因导致实际进度与计划进度不符。承包商都无权对修改进度计划的工作要求额外支付。

② 工程师对修改后进度计划的批准，并不意味承包商可以摆脱合同规定应承担的责任。

3. 竣工时间的延长

承包商应当在工程或者分项工程的竣工时间内，完成整个工程和每个分项工程。可以给承包商合理延长竣工时间的条件通常可能包括以下几种情况：

① 变更；

② 根据这些条件的一项条款给予享有工期索赔权利的延迟原因；

③ 异常不利的气候条件，指在考虑到业主提供的气候数据和（或）在该国为现场地理位置公布的气候数据后不可预见的不利气候条件；

④ 因流行病或政府行为造成的人员或货物（或雇主提供的材料，如有的话）供应方面不可预见的短缺；

⑤ 可归因于业主、业主的人员或雇主的其他承包商造成的任何延误、阻碍或阻止。

4. 竣工检验

承包商完成工程并准备好竣工报告所需报送的资料后，应提前 21 天将某一确定的日期通知工程师，说明此日后已准备好进行竣工检验。工程师应指示在该日期后 14 天内的某日进行。此项规定同样适用于按合同规定分部移交的工程。如果工程或某区段未能通过竣工检验，承包商对缺陷进行修复和改正，在相同条件下重复进行此类未通过的试验和对任何相关工作的竣工检验。当整个工程或某区段未能通过按重新检验条款规定所进行的重复竣工检验时，工程师应有权选择以下任何一种处理方法。

① 指示再进行一次重复的竣工检验。

② 如果由于该工程缺陷致使业主基本上无法享用该工程或区段所带来的全部利益，拒

收整个工程或区段（视情况而定），在此情况下，业主有权获得承包商的赔偿。

③ 颁发一份接收证书（如果业主同意的话），折价接收该部分工程，合同价格应按照可以适当弥补由于此类失误而给业主造成的减少的价值数额予以扣减。

5. 颁发工程接收证书

工程通过竣工检验达到了合同规定的“基本竣工”要求后，承包商在他认为可以完成移交工作前 14 天以书面形式向工程师申请颁发接收证书。基本竣工是指工程已通过竣工检验，能够按照预定目的交给业主占用或使用，而非完成了合同规定的包括扫尾、清理施工现场及不影响工程使用的某些次要部位缺陷修复工作后的最终竣工，剩余工作允许承包商在缺陷通知期内继续完成。这样规定有助于准确判定承包商是否按合同规定的工期完成施工义务，也有利于业主尽早使用或占有工程，及时发挥工程效益。

工程师接到承包商申请后的 28 天内，如果认为已满足竣工条件，即可颁发工程接收证书；若不满意，则应书面通知承包商，指出还需完成哪些工作后才达到基本竣工条件。工程接收证书中包括确认工程达到竣工的具体日期。工程接收证书颁发后，不仅表明承包商对该部分工程的施工义务已经完成，而且对工程照管的责任也转移给业主。

如果合同约定工程不同区段有不同竣工日期时，每完成一个区段均应按上述程序颁发部分工程的接收证书。

当业主提前占用工程时，工程师应及时颁发工程接收证书，并确认业主占用日为竣工日。提前占用或使用表明该部分工程已达到竣工要求，对工程照管责任也相应转移给业主，但承包商对该部分工程的施工质量缺陷仍负有责任。工程师颁发接收证书后，应尽快给承包商采取必要措施完成竣工检验的机会。

有时也会出现施工已达到竣工条件，但由于不应由承包商负责的主观或客观原因不能进行竣工检验。如果等条件具备进行竣工试验后再颁发接收证书，既会因推迟竣工时间而影响到对承包商是否按期竣工的合理判定，也会产生在这段时间内对该部分工程的使用和照管责任不明。针对此种情况，工程师应以本该进行竣工检验日签发工程接收证书，将这部分工程移交给业主照管和使用。工程虽已接收，仍应在缺陷通知期内进行补充检验。当竣工检验条件具备后，承包商应在接到工程师指示进行竣工试验通知的 14 天内完成检验工作。由于非承包商原因导致缺陷通知期内进行的补检，属于承包商在投标阶段不能合理预见到的情况，该项检查试验比正常检验多支出的费用应由业主承担。

6. 缺陷通知期

缺陷通知期是指自工程接收证书中写明的竣工日开始，至工程师颁发履约证书为止的日历天数。尽管工程移交前进行了竣工检验，但只是证明承包商的施工工艺达到了合同规定的标准，设置缺陷通知期的目的是为了考验工程在动态运行条件下是否达到了合同中技术规范的要求。因此，从开工之日起至颁发履约证书日止，承包商要对工程的施工质量负责。合同工程的缺陷通知期及分阶段移交工程的缺陷通知期，应在专用条件内具体约定。次要部位工程通常为半年；主要工程及设备大多为一年；个别重要设备也可以约定为一年半。

（1）承包商在缺陷通知期内应承担的义务　工程师在缺陷通知期内可就以下事项向承包商发布指示。

① 将不符合合同规定的永久设备或材料从现场移走并替换。

② 将不符合合同规定的工程拆除并重建。

③ 实施任何因保护工程安全而需进行的紧急工作。不论事件起因于事故、不可预见事件还是其他事件。

（2）履约证书的颁发　履约证书是承包商已按合同规定完成全部施工义务的证明，因此该证书颁发后工程师就无权再指示承包商进行任何施工工作，承包商即可办理最终结算手续。缺陷通知期内工程圆满地通过运行考验，工程师应在期满后的 28 天内，向业主签发解除承包商承担工程缺陷责任的证书，并将副本送给承包商。但此时仅意味承包商与合同有关的实际义务已经完成，而合同尚未终止，剩余的双方合同义务只限于财务和管理方面的内容。业主应在证书颁发后的 14 天内，退还承包商的履约保证书。

缺陷通知期满时，如果工程师认为还存在影响工程运行或使用的较大缺陷，可以延长缺陷通知期推迟颁发证书，但缺陷通知期的延长不应超过竣工日后的 2 年。

四、合同价格和付款

1. 合同价格

接受的合同款额指业主在“中标函”中对实施、完成和修复工程缺陷所接受的金额，来源于承包商的投标报价并对其确认。但最终的合同价格则指按照合同各条款的约定，承包商完成建造和保修任务后，对所有合格工程有权获得的全部工程款。

2. 合同价格调整的原因

最终结算的合同价与中标函中注明的接受的合同款额一般不会相等，原因有以下几点。

（1）合同类型特点　FIDIC 施工合同条件适用于大型复杂工程采用单价合同的承包方式。为了缩短建设周期，通常在初步设计完成后就开始施工招标，在不影响施工进度的前提下陆续发放施工图，因此承包商据以报价的工程量清单中各项工作内容项下的工程量一般为估计工程量。合同履行过程中，承包商实际完成的工程量可能多于或少于清单中的估计量。单价合同的支付原则是，按承包商实际完成工程量乘以清单中相应工作内容的单价，结算该部分工作的工程款。另外，大型复杂工程的施工期较长，通用条件中包括合同工期内因物价变化对施工成本产生影响后计算调价费用的条款，每次支付工程进度款时均要考虑约定可调价范围内项目当地市场价格的涨落变化。而这笔调价款没有包含在中标价格内，仅在合同条款中约定了调价原则和调价费用的计算方法。

（2）发生应由业主承担责任的事件　合同履行过程中，可能因业主的行为或他应承担风险责任的事件发生后，导致承包商增加施工成本，合同相应条款都规定应对承包商受到的实际损害给予补偿。

（3）承包商的质量责任　合同履行过程中，如果承包商没有完全地或正确地履行合同义务，业主可凭工程师出具的证明，从承包商应得工程款内扣减该部分给业主带来损失的款额。

（4）承包商延误工期或提前竣工　因承包商责任的延误竣工，签订合同时双方需约定日拖期赔偿额和最高赔偿限额。如果合同内规定有分阶段移交的工程，在整个合同工程竣工日期以前，工程师已对部分分阶段移交的工程颁发了工程接收证书且证书中注明的该部分工程竣工日期未超过约定的分阶段竣工时间，则全部工程剩余部分的日拖期违约赔偿额应相应折减。当合同内约定有部分工程的竣工时间和奖励办法时，为了使业主能够在完成全部工程之前占有并启用工程的某些部分提前发挥效益，约定的部分工程完工日期应固定不变。也就是说，不因该部分工程施工过程中出现非承包商应负责原因工程师批准顺延合同工期，而对计算奖励的应竣工时间予以调整（除非合同中另有规定）。

（5）包含在合同价格之内的暂定金额　某些项目的工程量清单中包括有“暂定金额”款项，尽管这笔款额计入在合同价格内，但其使用却由工程师控制。暂定金额实际上是一笔业主方的备用金，用于招标时对尚未确定或不可预见项目的储备金额。施工过程中工程师有权依据工程进展的实际需要经业主同意后，用于施工或提供物资、设备，以及技术服务等内容的开支，也可以作为供意外用途的开支，他有权全部使用、部分使用或完全不用。工程师可以发布指示，要求承包商或其他人完成暂定金额项内开支的工作，因此只有当承包商按工程师的指示完成暂定金额项内开支的工作任务后，才能从其中获得相应支付。由于暂定金额是用于招标文件规定承包商必须完成的承包工作之外的费用，承包商报价时不将承包范围内发生的间接费、利润、税金等摊入其中，所以他未获得暂定金额内的支付并不损害其利益。承包人接受工程师的指示完成暂定金额项内支付的工作时，应按工程师的要求提供有关凭证，包括报价单、发票、收据等结算支付的证明材料。

3. 预付款

预付款是业主为了帮助承包商解决施工前期开展工作时的资金短缺，从未来的工程款中提前支付的一笔款项。合同工程是否有预付款，以及预付款的金额多少、支付（分期支付的次数及时间）和扣还方式等均要在专用条款内约定。承包商需首先将银行出具的履约保函和预付款保函交给业主并通知工程师，工程师在 21 天内签发“预付款支付证书”，业主按合同约定的数额和外币比例支付预付款。预付款保函金额始终保持与预付款等额，即随着承包商对预付款的偿还逐渐递减保函金额。预付款在分期支付工程进度款的支付中按百分比扣减的方式偿还。自承包商获得工程进度款累计总额（不包括预付款的支付和保留金的扣减）达到合同总价（减去暂定金额）10％那个月起扣。本月证书中承包商应获得的合同款额（不包括预付款及保留金的扣减）中扣除 25％作为预付款的偿还，直至还清全部预付款。

4. 工程进度款的支付程序

（1）工程量计量　工程量清单中所列的工程量仅是对工程的估算量，不能作为承包商完成合同规定施工义务的结算依据。每次支付工程月进度款前，均需通过测量来核实实际完成的工程量，以计量值作为支付依据。采用单价合同的施工工作内容应以计量的数量作为支付进度款的依据，而总价合同或单价包干混合式合同中按总价承包的部分可以按图纸工程量作为支付依据，仅对变更部分予以计量。

（2）承包商提供报表　每个月的月末，承包商应按工程师规定的格式提交一式 6 份本月支付报表。内容包括提出本月已完成合格工程的应付款要求和对应扣款的确认。

（3）工程师签证　工程师接到报表后，对承包商完成的工程形象、项目、质量、数量以及各项价款的计算进行核查。若有疑问时，可要求承包商共同复核工程量。在收到承包商的支付报表的 28 天内，按核查结果以及总价承包分解表中核实的实际完成情况签发支付证书。工程师可以不签发证书或扣减承包商报表中部分金额的情况包括以下几种。

① 合同内约定有工程师签证的最小金额时，本月应签发的金额小于签证的最小金额，工程师不出具月进度款的支付证书。本月应付款接转下月，超过最小签证金额后一并支付。

② 承包商提供的货物或施工的工程不符合合同要求，可扣发修整或重置相应的费用，

直至修整或重置工作完成后再支付。

③ 承包商未能按合同规定进行工作或履行义务，并且工程师已经通知了承包商，则可以扣留该工作或义务的价值，直至工作或义务履行为止。

工程进度款支付证书属于临时支付证书，工程师有权对以前签发过的证书中发现的错、漏或重复进行修正，承包商也有权提出更改或修正，经双方复核同意后，将增加或扣减的金额纳入本次签证中。

(4) 业主支付　承包商的报表经过工程师认可并签发工程进度款的支付证书后，业主应在接到证书后及时给承包商付款。业主的付款时间不应超过工程师收到承包商的月进度付款申请单后的 56 天。

5. 竣工结算

颁发工程接收证书后的 84 天内，承包商应按工程师规定的格式报送竣工报表。工程师接到竣工报表后，应对照竣工图进行工程量详细核算，对其他支付要求进行审查，然后再依据检查结果签署竣工结算的支付证书。此项签证工作，工程师也应在收到竣工报表后 28 天内完成。业主依据工程师的签证予以支付。

6. 保留金

保留金是按合同约定从承包商应得的工程进度款中相应扣减的一笔金额，保留在业主手中，作为约束承包商严格履行合同义务的措施之一。当承包商有一般违约行为使业主受到损失时，可从该项金额内直接扣除损害赔偿费。例如，承包商未能在工程师规定的时间内修复缺陷工程部位，业主雇用其他人完成后，这笔费用可从保留金内扣除。

(1) 保留金的约定和扣除　承包商在投标书附录中按招标文件提供的信息和要求确认了每次扣留保留金的百分比和保留金限额。每次月进度款支付时扣留的百分比一般为 5%～10%，累计扣留的最高限额为合同价的 2.5%～5%。从首次支付工程进度款开始，用该月承包商完成合格工程应得款加上因后续法规政策变化的调整和市场价格浮动变化的调价款为基数，乘以合同约定保留金的百分比作为本次支付时应扣留的保留金。逐月累计扣到合同约定的保留金最高限额为止。

(2) 保留金的返还　扣留承包商的保留金分两次返还。

第一次，颁发工程接收证书后的返还。颁发了整个工程的接收证书时，将保留金的前一半支付给承包商。如果颁发的接收证书只是限于某部分工程或区段工程，则：

$$\text{返还金额}=\text{保留金总额}\times\frac{\text{颁发接收证书的部分工程或区段工程的合同价值}}{\text{最终合同价格的估算值}}\times 40\% \tag{8-1}$$

第二次，保修期满颁发履约证书后将剩余保留金返还。整个合同的缺陷通知期满，返还剩余的保留金。如果某部分工程颁发了接收证书，则在该部分工程的缺陷通知期满后，并不全部返还该部分剩余的保留金：

$$\text{返还金额}=\text{保留金总额}\times\frac{\text{颁发接收证书的部分工程的合同价值}}{\text{最终合同价格的估算值}}\times 40\% \tag{8-2}$$

第二次支付后剩余的保留金应在各缺陷通知期限的最末一个期满日期后一次性返还。

合同内以履约保函和保留金两种手段作为约束承包商忠实履行合同义务的措施，当承包商严重违约而使合同不能继续顺利履行时，业主可以凭履约保函向银行获取损害赔偿；而因承包商的一般违约行为令业主蒙受损失时，通常利用保留金补偿损失。履约保函和保留金的约束期均是承包商负有施工义务的责任期限（包括施工期和保修期）。保留金保函代换保留金。当保留金已累计扣留到保留金限额的 60%时，为了使承包商有较充裕的流动资金用于工程施工，可以允许承包商提交保留金保函代换保留金。业主返还保留金限额的 50%，剩余部分待颁发履约证书后再返还。保函金额在颁发接收证书后不递减。

7. 最终结算

最终决算是指颁发履约证书后，对承包商完成全部工作价值的详细结算，以及根据合同条件对应付给承包商的其他费用进行核实，确定合同的最终价格。

颁发履约证书后的 56 天内，承包商应向工程师提交最终报表草案，以及工程师要求提交的有关资料。最终报表草案要详细说明根据合同完成的全部工程价值和承包商依据合同认为还应支付给他的任何进一步款项，如剩余的保留金及缺陷通知期内发生的索赔费用等。

工程师审核后与承包商协商，对最终报表草案进行适当的补充或修改后形成最终报表。承包商将最终报表送交工程师的同时，还需向业主提交一份“结清单”进一步证实最终报表中的支付总额，作为同意与业主终止合同关系的书面文件。工程师在接到最终报表和结清单附件后的 28 天内签发最终支付证书，业主应在收到证书后的 56 天内支付。只有当业主按照最终支付证书的金额予以支付并退还履约保函后，结清单才生效，承包商的索赔权也即行终止。

五、有关争端处理的规定

1. 对争端的理解

对争端应作广义的理解、当事人对合同条款和合同的履行的不同理解和看法都是争端。凡是当事人对合同是否成立、成立的时间、合同内容的解释、合同的履行、违约的责任，以及合同的变更、中止、转让、解除、终止等发生的争端，均应包括在内；也包括对工程师的任何意见、指示、决定、证书或估价方面的任何争端。FIDIC 施工合同条件中规定，争端应提交争端裁决委员会（Dispute Avoidance/Adjudication Board，DAAB）裁决。

2. 争端裁决委员会的委任

争端裁决委员会是根据投标书附录中的规定由合同双方共同设立的，由 1 人或者 3 人组成，具体情况按投标书附录中的规定，如果投标书附录中没有注明成员的数目，且合同双方没有其他的协议，则争端裁决委员会应包含三名成员。若争端裁决委员会成员为 3 人，则由合同双方各提名一位成员供对方认可，双方共同确定第三位成员作为主席。如果合同中有争端裁决委员会成员的意向性名单，则必须从该名单中进行选择，除非被选择的成员不能或不愿接受争端裁决委员会的委任。合同双方应当共同商定对争端裁决委员会成员的支付条件，并由双方各支付酬金的一半。

在合同双方同意的任何时候，他们可以委任一合格人选（或多个合格人选）替代（或备用人选替代）争端裁决委员会的任何一个或多个成员。除非合同双方另有协议，只要某一成员拒绝履行其职责或由于死亡、伤残、辞职或其委任终止而不能尽其职责，该委任即告生效。

任何成员的委任只有在合同双方同意的情况下才能终止，业主或承包商各自的行动将不能终止此类委任。

3. 争端裁决委员会对争端进行裁决

如果在合同双方之间产生起因于合同或实施过程或与之相关的任何争端（任何种类），包括对工程师的任何证书的签发、决定、指示、意见或估价的任何争端，任何一方可以将此类争端事宜以书面形式提交争端裁决委员会，供其裁定，并将副本送交另一方和工程师。合同双方应立即向争端裁决委员会提供为对此类争端进行裁决的目的而可能要求的所有附加资料、进一步的现场通道和适当的设施。

争端裁决委员会在收到书面报告后84天内对争端作出裁决，并说明理由。如果合同一方对争端裁决委员会的裁决不满，则应当在收到裁决后的28天内向合同对方发出表示不满的通知，并说明理由，表明准备提请仲裁。如果争端裁决委员会未在84天内对争端作出裁决，则双方中的任何一方均有权在84天的期满后的28天内向对方发出要求仲裁的通知。如果双方接受争端裁决委员会的裁决，或者没有按照规定发出表示不满的通知，则该裁决将成为最终的决定并对合同双方均具有约束力。

争端裁决委员会的裁决作出后，在未通过友好解决或者仲裁改变该裁决之前，双方应当执行该裁决。

4. 争端的友好解决

在合同发生争端时，如果双方能通过协商达成一致，这比通过仲裁程序解决争端好得多。这样既能节省时间和费用，也不会伤害双方的感情，使双方的良好合作关系能够得以保持。事实上，在国际工程承包合同中产生的争端大都可以通过友好协商得到解决。

合同当事人一方或双方发出表示对裁决不满的通知后，合同双方在仲裁开始前应尽力以友好的方式解决争端。除非合同双方另有协议，否则，仲裁将在表示不满的通知发出后第28天或此后开始，即使双方未曾作过友好解决的努力。这28天的时间主要用于争端的友好解决。

5. 争端的仲裁

仲裁的规定，其意义不仅在于寻找一条解决争端的途径和方法，更重要的是仲裁条款的出现使当事人双方失去了通过诉讼程序解决合同争端的权利。因为当事人在仲裁与诉讼中只能选择一种解决方法，因此，该规定实际决定了合同当事人只能把提交仲裁作为解决争端的最后办法。

除非通过友好解决，否则如果争端裁决委员会有关争端的决定（如有时）未能成为最终决定并具有约束力，那么此类争端应由国际仲裁机构最终裁决。

仲裁人应有全权公开、审查和修改工程师的任何证书的签发、决定、指示、意见或估价，以及任何争端裁决委员会有关争端事宜的裁决。工程师都有权作为证人向仲裁人提供任何与争端有关的证据。

合同双方的任一方在上述仲裁人的仲裁过程中均不受以前为取得争端裁决委员会的决定而提供的证据或论据或其不满意通知中提出的不满理由的限制。在仲裁过程中，可将争端裁决委员会的决定作为一项证据。

工程竣工之前或之后均可开始仲裁。但在工程进行过程中，合同双方、工程师以及争端裁决委员会的各自义务不得因任何仲裁正在进行而改变。

仲裁裁决具有法律效力。但仲裁机构无权强制执行，如一方当事人不履行裁决，另一方当事人可向法院申请强制执行。

复习题

1. 简述世界银行贷款项目的采购原则。
2. 简述国际竞争性招标的程序。
3. 简述 FIDIC 合同条件下的构成。
4. 简述 FIDIC 合同条件下一般分包与指定分包的相同点与不同点。
5. FIDIC 合同条件下工程进度款的支付程序是什么？
6. FIDIC 土木工程施工合同适用范围有哪些？

参考文献

［1］ 柯洪.建设工程计价［M］.北京：中国计划出版社，2013.

［2］ 刘伊生.建设工程造价管理［M］.北京：中国计划出版社，2013.

［3］ 齐宝库.建设工程造价案例分析［M］.北京：中国城市出版社，2013.

［4］ 刘宁，李丽红.工程量清单计价与投标技巧［M］.北京：化学工业出版社，2012.

［5］ 中铁四局集团管理研究院.中国建筑业发展形势分析［N］.2020-02-27［2020-05-14］.https：//bbs.zhulong.com/102010_group_3000051/detail42345119/.

［6］ 王潇洲.工程招投标与合同管理［M］.广州：华南理工大学出版社，2009.

［7］ 刘黎虹.工程招投标与合同管理［M］.北京：机械工业出版社，2012.

［8］ 武育秦.建设工程招投标与合同管理［M］.第3版.重庆：重庆大学出版社，2012.

［9］ 王秀燕，李锦华.工程招投标与合同管理［M］.北京：机械工业出版社，2009.

［10］ 刘志杰.工程招投标与合同管理［M］.大连：大连理工大学出版社，2009.

［11］ 李丽红.工程招投标与合同管理［M］.大连：大连理工大学出版社，2013.

［12］ 中华人民共和国住房和城乡建设部，中华人民共和国国家质量监督检验检疫总局.建设工程工程量清单计价规范（GB 50500—2013）［S］.北京：中国计划出版社，2013.

［13］ 《中华人民共和国标准施工招标文件》组.中华人民共和国标准施工招标文件［S］.北京：北京科文图书，2007.